吉林省精品课程开发建设系列教材

烹饪原料加工技术

主　编　王立国　汪洪波

副主编　王岩平　王海滨

主　审　刘　利　耿晓春

参　编　李浩莹　石　光　马丽洁

　　　　杨春雨　张　宁

中国财富出版社

图书在版编目（CIP）数据

烹饪原料加工技术/王立国，汪洪波主编 . —北京：中国财富出版社，2013.7
（2024.7 重印）

（吉林省精品课程开发建设系列教材）

ISBN 978 - 7 - 5047 - 4752 - 5

Ⅰ.①烹… Ⅱ.①王…②汪… Ⅲ.①烹饪—原料—加工—教材 Ⅳ.①TS972.111

中国版本图书馆 CIP 数据核字（2013）第 151294 号

策划编辑	李 丽	责任印制	梁 凡
责任编辑	郭怡君	责任校对	杨小静

出版发行	中国财富出版社（原中国物资出版社）		
社　址	北京市丰台区南四环西路 188 号 5 区 20 楼	邮政编码	100070
电　话	010 - 52227588 转 2098（发行部）	010 - 52227588 转 321（总编室）	
	010 - 52227566（24 小时读者服务）	010 - 52227588 转 305（质检部）	
网　址	http://www.cfpress.com.cn		
经　销	新华书店		
印　刷	北京九州迅驰传媒文化有限公司		
书　号	ISBN 978 - 7 - 5047 - 4752 - 5/TS·0061		
开　本	787mm×1092mm　1/16	版　次	2013 年 7 月第 1 版
印　张	5.5	印　次	2024 年 7 月第 2 次印刷
字　数	108 千字	定　价	32.00 元

吉林省精品课程开发建设系列教材
编写委员会

主 任 委 员：

　　王立国（吉林省工商技师学院院长）

副主任委员：

　　贾成山（吉林省工商技师学院书记）

　　林丽英（吉林省工商技师学院副院长）

　　郭晓海（吉林省工商技师学院副院长）

　　汪洪波（吉林省工商技师学院副院长）

　　李凤荣（吉林省工商技师学院副院长）

　　赵春伍（吉林省职业技能教研室主任）

　　刘　利（吉林省工商技师学院烹饪系主任）

委　　　员：

　　黄国秋　马丽洁　王岩平　朱　旭

　　宋　鹤　曹清春　宋玉玲　王海滨

　　耿晓春　杨春雨　刘立军　张廷艳

　　石　光　田伟强　李浩莹　郭　爽

　　孟繁宇　张　宁　范海莲　冯立彬

　　吴　强

总　策　划： 寇俊玲

前 言

为了更好地适应全国职业技术学校烹饪专业的教学要求，深化教学改革，转变广大教师教育教学理念，根据《教育部关于进一步深化中等职业教育教学改革的若干意见》关于"中等职业教育要深化课程改革，以培养学生的职业能力为导向，加强烹饪示范专业建设和精品课程开发"的文件精神以及《中等职业教育改革发展行动计划（2011—2013年)》的要求，特组织编写此书。

《烹饪原料加工技术》是中等职业学校烹饪专业的主干课程。本书坚持以能力为本位，重视实践能力培养，突出职业技术教育特色，合理确定学生应具备的能力结构与知识结构，通过理论知识与实训任务一体化的学习，使学生能够自主地解决实训过程中出现的问题，从而满足社会与企业对技能型人才的需求。

本书在编写的过程中，严格贯彻国家有关技术标准的要求，注重职业教育的发展规律和基本特点，以提高学生职业综合素质为重点，以培养学生综合能力为主线，注重基础学习，突出能力本位。在教学目标、教学内容与教学方法等方面的设置，重点突出了"针对性"与"实效性"相结合的特点，使学生学到并掌握社会与企业所需的最前沿的知识和技能，从而使烹饪专业的新知识、新技术、新工艺、新方法得到落实。

本书共分为五章内容，从刀工基础知识、鲜活原料的初加工、分档取料与整料出骨、干货原料的涨发、配菜等方面进行讲解。

本书配有多媒体电子教案。教师可以登录中国财富出版社网站（http：//www.cfpress.com.cn)"下载中心"下载电子教案，为教师教学提供完整支持。

本书由吉林省工商技师学院王立国、汪洪波担任主编，王岩平、王海滨担任副主编。李浩莹、石光、马丽洁、杨春雨、张宁参与编写，全书由刘利、耿晓春主审定稿。编写中查阅了大量的相关教材及著作，并得到了有关部门和学院领导的大力支持，在此一并表示诚挚的感谢。

由于本书编写时间仓促、加之编者水平有限，书中难免会有疏漏和不妥之处，敬请读者提出宝贵意见，以便再版时修订完善。

编委会

2013 年 6 月

目　录

第一章 刀工基础知识

1. 了解刀具的种类及用途
2. 掌握基本刀法和各种花刀的操作方法

第一节 刀具的种类及主要用途

刀工设备是对烹饪原料进行加工的必备工具。我国传统的烹饪工具，主要是指各种不同功能和不同形状的刀具以及砧板（菜墩）。随着科学技术水平的不断提高，烹饪设备的不断改进，对烹饪原料进行加工的工具或各种刀具也有了改进和提高，逐步地向机械化和智能化方向发展。如现在不断涌现出来的切片机、切丝机、粉碎机等，不但提高了工作效率，而且能保证质量。但是由于烹饪原料的种类较多，而且性能各有不同，因此，机械化刀工处理不能完全适应，所以有些传统刀具和操作方法，还必须使用和掌握。因而了解和掌握刀具和砧板的使用与保养方面的知识是必不可少的。

烹制菜肴所用的原料种类很多，性质不一，有的带骨，有的带筋，有的韧性强，有的质地脆嫩，只有掌握好各种类型刀具的不同性能和用途，才能根据原料性质，选用相应的刀具，将不同性质的原料加工成整齐、美观而均匀、适用于烹调的形状。

我们可将刀具分成两大类：

一、按功能划分

按照功能可将刀具分为片刀（薄刀）、切刀、砍刀（劈刀）、前切后砍刀、烤鸭刀（小片刀）、羊肉片刀（涮羊肉刀）、馅刀、剪刀、镊子刀、刮刀、刻刀等几十种。

（一）片刀（薄刀）

片刀重量较轻，刀身窄而薄，钢质纯，刀口锋利，使用灵活方便，主要用于加工片、条、丝，如片干片、片肉片、片姜片等。

（二）切刀

切刀刀身略宽，长短适中，应用范围广，既能用于切片、丝、条、丁、块，又能用于加工略带小骨或质地稍硬的原料，此刀应用较为普遍。

（三）砍刀（劈刀）

砍刀刀背较厚，重量较重，刀身有长有短，主要用于加工带骨或质地坚硬的原料，如猪头、排骨、猪脚等。

（四）前切后砍刀

前切后砍刀刀身大小与切刀相同，但刀的根部较切刀略厚，前半部分薄而锋利，重量一般在 750 克左右。特点是既能切又能砍。

（五）烤鸭刀（小片刀）

烤鸭刀刀身比片刀略窄且短，重量轻，刀刃锋利。专用于片熟烤鸭用。

（六）羊肉片刀（涮养肉刀）

羊肉片刀重量较轻，一般 500 克左右，特点是刀刃中部是弓形。刀身较薄，刀口锋利，是切羊肉片的专用工具。现在已被机械取代。

（七）馅刀

馅刀刀身长而厚，重量一般在 900 克左右，刀刃锋利。

（八）剪刀

剪刀是刀工的附属工具，多用于加工整理鱼、虾及各类蔬菜等。

（九）镊子刀

镊子刀刀身长约 20 厘米，前半部分是刀，后半部分是镊子，是刀工的附属工具。

（十）刮刀

刮刀体型较小，刀刃不锋利，多用于刮去砧板上的污物和家畜皮表面上的毛等污物。有时也用于去鱼鳞。

（十一）刻刀

刻刀是用于食品雕刻的专用工具，种类很多，多由使用者自行设计制作。

二、按形状划分

（一）圆头刀

圆头刀刀身前下方圆，重量在 700 克左右，功能与切刀相似，在江、浙、沪等地常用。

（二）方头刀

方头刀刀身前后均呈方型，刀身有宽、窄两种类型，其功能与切刀相似，在川、粤等地常用。

（三）马头刀

马头刀刀身一头宽一头窄，形似马头，故称马头刀。马头刀有两种类型，一种是刀身的前面宽后面窄，称为扬州刀，特点是前面能劈后面可以斩，重量一般在 750 克左右；一种是刀身后面宽前面窄，称为北京刀。

（四）尖头刀

尖头刀刀身前端有一月牙形的弯头，后端呈方形，功能与切刀相似，重量一般在 750 克左右。

（五）三角形刀

三角形刀刀身前尖后宽，呈三角形，重量较轻，多用于初加工或在西菜制作中使用。

第二节　刀工的作用与要求

刀工就是按食用和烹调的要求使用不同的刀具，运用不同的刀法，将食用半成品原料切割成各种不同形状的操作技术。刀工是每名烹调师必须熟练掌握的基本功，能否善于运用各种刀法技巧使菜肴锦上添花，反映了一名烹调师的技术水平。

一、刀工在烹调中的作用

（一）便于烹调

经过刀工处理成块、片、丝、条、丁、粒、末等规格的烹饪原料，其形态、大小、厚薄、长短等规格应完全一致，从而烹调时可均匀受热，达到烹调要求。

（二）便于入味

许多烹调原料，如不经过刀工的细加工，烹调时调味品的滋味不容易透入原料内部。只有通过刀工处理，将原料由大改小，或在表面剞上一定深度的刀纹，调味品才能渗入原料内部，使成品口味均匀、一致。

（三）便于食用

中餐的就餐工具主要是筷子和汤匙，形状太大的原料食用起来不方便。如整头的猪、牛、羊，整只的鸡、鸭、鹅等，不经刀工而直接烹调，食用时就很不方便，而经过去皮、剔骨、分档、切、片、剁、剞等刀工处理后再烹调，或烹调后再经刀工处理，食用时就方便多了。

（四）美化形状

刀工能把各种不同形状的原料加工得整齐美观，使各种原料形状规格一致、整齐划一、长短相等、粗细厚薄均匀，看上去清爽、利落、外形美观、诱人食欲。至于花色菜肴就更显出刀工的作用。所谓"刀下生花"，就是赞美刀工美化原料形态的技艺。如在某些原料表面划上一些不同深度的刀纹，经加热后，就能形成各种不同的花色形态；或将原料切割成各种动、植物形态，如金鱼、小鸟、蝴蝶、花朵等，从而使菜肴的形态更加美观。

二、刀工处理的要求

（一）姿势正确，精神集中

（1）运刀的正确姿势是：两脚站稳，上身略向前倾，身体与菜墩保持约10厘米的距离，前胸稍挺，自然放松，注意菜墩高度，不要弯腰弓背，两眼注视菜墩上双手操作的部位（如图1－1所示）。正确的运刀姿势不仅方便操作，而且能提高效率、减少疲劳。

图1－1 运刀的正确姿势

（2）握刀讲究牢而不死，腕、肘、臂三个部位的力量配合协调，才能运用自如。不论运用何种刀法，都要做到下刀准，用力均匀。一般是右手握刀，左手中指顶住刀壁，手指和掌根要始终固定在原料或墩子上，控制住原料平稳不动，以保证上下左右有规律运刀（如图1-2所示）。

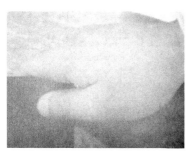

图1-2　正确的握刀方法

（3）操作时要精神集中，目不旁视，不能左顾右盼、心不在焉，避免刀起刀落发生意外，也不应边操作边说笑，污染原料。

（二）密切配合烹调要求

根据不同的烹调方法采取相应的刀工处理。例如，用于爆、炒的原料，旺火短时加热，就应切小一点儿、薄一点儿；用于煨、炖的原料，加热时间长，就应切得大一些、厚一些。有的菜肴特别讲究原料造型美观，就要运用相应的花刀。

（三）根据原料特性下刀

加工各种原料，首先应根据原料特性来选择刀法，例如，在川菜中有"横切牛肉竖切鸡"的说法。牛肉质老筋多必须横着纤维纹路下刀，才能把筋切短、切断，烹调后才比较嫩；如果顺着纤维纹路切，筋腱保留着原样，烧熟后仍又老又硬，咀嚼不烂。猪肉的肉质比较细嫩，肉中筋少，斜着纤维纹路切，才能既不易断又不老；如果横切则易断易碎，顺切又容易变老。鸡肉最细嫩，肉中几乎没有筋，必须要顺着纤维纹路竖切，才能切出整齐划一、又细又长的鸡丝，如果横切、斜切，都很容易断裂散碎，不能成丝。鱼肉不但质细，而且水分大，切时不仅要顺着纤维纹路，还要切得比猪肉丝和鸡肉丝略粗一些，才能不断不碎。

（四）整齐均匀，符合规格

原料在进行刀工处理时，要做到整齐均匀、大小一致，才能在烹调时受热均匀、成熟度一致。

（五）清爽利落，互不粘连

加工过的原料必须清爽利落，该断的必须断，丝与丝、条与条、片与片之间必须截然分开，不可藕断丝连。该连的则必须连（如剞腰花）。这不仅是为了使菜肴的外形美，而且烹调时便于掌握火候与时间，确保菜肴的口味与质量。

（六）合理使用原料，做到物尽其用

运用刀工处理原料时，要心中有数，要根据手中的材料努力做到物尽其用，尽可能使各个部位都能做到合理、充分的利用。

第三节　磨刀技术及检验

一、磨刀的工具和方法

磨刀有专用的磨刀石。常用的磨刀石有粗磨刀石、细磨刀石和油石三种。①粗磨刀石的主要成分是黄沙，质地松而粗，多用于新开刃或有缺口的刀；②细磨刀石的主要成分是青沙，质地坚实，细腻，容易将刀磨锋利，刀面磨光亮，不易损伤刀口，应用较多；③油石窄而长，质地结实，携带方便。磨刀时，一般先在粗磨刀石上将刀磨出锋口，再在细磨刀石上将刀磨快，两者结合，既能缩短磨刀时间，又能提高刀刃的锋利程度。磨刀前先要把刀面上的油污擦洗干净，再把磨刀石安放平稳，以前面略低、后面略高为宜。磨刀石旁边放一盆清水。磨刀时，两脚自然分开或一前一后站稳，胸部略微前倾，一手持刀柄，一手按住刀面的前段，刀口向外，平放在磨刀石面上。然后在刀面或磨刀石面上淋水，将刀面紧贴磨刀石面，后部略翘起，前推后拉（一般沿刀石的对角线运行），用力要均匀，视石面起砂浆时再淋水。刀的两面及前后中部都要轮流均匀磨到，两面磨的次数基本相等，这样才能保持刀刃平直、锋利、不变形。

二、刀刃的检验

刀磨完后洗净擦干，然后将刀刃朝上，放在眼前观察，如果刀刃上看不见白色的光亮，表明刀已磨好；也可用大拇指在刀面上推拉一下，如有涩的感觉，即表明刀口锋利，反之，还要继续磨。

第四节 刀具的保养与菜墩

用于刀工中的工具，必须要保持锋利不钝、光亮不锈、不变形，只有这样，才能确保经刀工处理过的原料整齐美观。

一、刀具的保养

在刀的使用过程中，必须养成良好的使用保养习惯：一是经常磨刀，保持刀的锋利和光亮。二是根据刀的形状和功能特点，正确掌握磨刀方法，保持刀刃不变形。三是刀用完后必须用清洁的抹布擦干水和污物，特别是在切带有咸味、黏性或腥味的原料，如咸菜、藕、鱼、茭白、山药之后，因为黏附在刀面上的物质容易使刀身氧化、变色、锈蚀，所以更要将刀面彻底擦净。长时间不用的刀，应擦干后在其表面涂一层油，装入刀套，放置于干燥处，以防止生锈、刀刃损伤或伤人。

二、菜墩的选择、使用与保养

菜墩是刀具对烹饪原料进行加工时的衬垫工具，它对刀工起重要的辅助作用。菜墩质量的优劣，关系着刀工技术能否正确施展。每名刀工操作者必须掌握正确选择、使用和养护菜墩的方法。

菜墩最好选用橄榄树或银杏树、榆树、柳树等材料来做，因这些树的木质坚密，以银杏树为最佳。用于制菜墩的材料要求完整、树心不空、不烂、没有结疤，截面应微呈青色，颜色均匀无花斑。要具备这些条件，就必须使用活的树干，且锯不久的材料制成；若截面呈灰暗色或有斑点，说明是树锯下后隔了较长的时间才制成的，质量较差。

新购买的菜墩可在盐卤中浸泡或不时地用水和盐涂抹表面，使木质收缩从而更结实、耐用。在使用过程中，应经常转动菜墩，使菜墩的各处都能均匀用到。出现凹凸不平时，可用铁刨轻轻刨平，便于刀工操作。每次使用完毕应将菜墩面刮净。一天工作结束时更应将菜墩面刮净、刷净、晾干，用洁布或砧罩罩好，切忌在太阳下暴晒，以防干裂。

第五节　基本刀法种类与操作方法

刀法是指将烹调原料加工成一定形状时所采用的各种不同的运刀技法。只有熟练地掌握和运用各种刀法，才能使刀工达到准、快、巧、美的要求。刀法是我国历代厨师在长期的实践中根据原料的形状、性能及烹调要求逐步探索积累形成的，随着烹调技术的不断发展和提高，刀法也将不断改进。通过学习，不但要求正确地掌握和运用各种刀法，而且要求在技巧熟练的基础上不断丰富其内容和提高水平。

一、直刀法

直刀法是指刀刃与菜墩或原料接触面成直角的刀法，可分为切、剁、砍等。

（一）切

一般用于无骨的原料。其操作方法是将刀对准原料，由上而下的切下去。由于无骨的原料也有老、嫩、脆、韧等区别，故在切时又有许多不同的方法。

1. 直切（如图 1-3 所示）

操作方法：刀与菜墩垂直，刀作上下垂直运动，并有节奏感。（也叫跳切）着力点主要在刀的前半部。

适用原料：笋、莴苣、蔬菜等各种脆性的植物性原料。

技术关键：

（1）左右两手必须有节奏地配合。左手按稳原料，并根据每刀原料的厚薄、长短等形状要求，不断后移；右手持刀运用腕力，随着左手的移动，紧跟着直切下去。切时，左手手指自然弯曲而呈弓形，中指指背或第一骨节抵住刀身，呈蟹行姿势向后移动，右手以左手向后移动的距离为标准，将刀紧贴着左手中指指背切下。左手向后移动的距离是否均匀，是决定原料成型的大小、厚薄是否均匀的关键。因此，必须注意随时作左手向后移动的练习。

（2）右手持刀向左边移动边切。这种移动是一种连续而有节奏的间歇运动，即移动一点，切一刀，再移动一点，再切一刀，落刀时原料与按于其上的左手都不能移动。每次移动的距离不能忽宽、忽窄而使原料形状不整齐、不均匀。左手应随着右手移切的动作而向后移动，如按住原料不移动，便会造成切空或切伤手指。

（3）下刀应垂直，刃口不能偏斜。下刀不直，不仅影响原料的整齐和美观，而且往往由于一刀向里，一刀向外，容易在菜墩上切出木屑混入原料而影响质量。运用直切刀法时，动作要有节奏，两手配合要自然而紧密，右手持刀上下运动，左手相应地不断后移。

图 1-3 直切

2. 推切（如图 1-4 所示）

操作方法：刀与原料、菜墩成垂直状态，由上而下向外切料的运刀方法。着力点在刀的后端，一刀推到底，不再拉回来。

适用原料：适用于切豆腐干、大头菜、肝、腰、肉丝、肉片、肚等细嫩易碎或有韧性、较薄、较小的原料。

技术关键：

（1）操作时左手自然弯曲按稳原料，右手持刀，运用小臂和手腕力量从刀刃前部分推至刀刃后部分时刃与菜墩吻合，一刀到底，一刀断料。

（2）推切时，根据原料性质用刀。对质嫩的原料，如肝、腰等，下刀宜轻；对韧性较强的原料，如大头菜、腌肉、肚等，运刀速度宜缓。

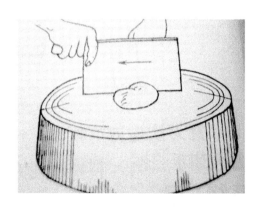

图 1-4 推切

3. 拉切（如图 1 - 5 所示）

操作方法：（又称托刀法）刀与菜墩垂直，刀由上而下向内拉切过来。着力点在刀刃的前端。

适用原料：去骨的韧性原料，如鸡、鸭、鱼肉等动物性原料。

技术关键：

（1）左手指自然弯曲按稳原料，右手持刀，运用手腕力量，刀身紧贴左手中指由原料的前上方向下方拉切，一刀到底，将原料断开。

（2）拉切在运刀时，刀刃前端略低，后端略高，着力点在刀刃前端，用刀刃轻快地向前推切一下，再顺势将刀刃向后一拉到底，即所谓的"虚推实拉"。

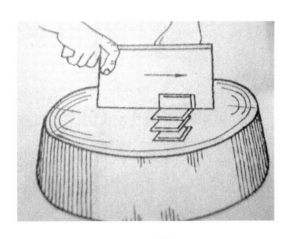

图 1 - 5 拉切

4. 锯切（如图 1 - 6 所示）

操作方法：（又叫推拉切）先将刀向前推，然后再向后拉，这样一推一拉，像拉锯一样地切下去。

适用原料：质地松散的原料，用直切、推切或拉切等刀法切片时往往容易散碎，就可以运用锯切。例如切涮羊肉、回锅肉、火腿、面包等适用此法。

技术关键：

（1）落刀要直，不能偏里或偏外，如果落刀不直，不仅切下来的原料形状厚薄不一，而且还会影响到之后的落刀部位。

（2）落刀不能过快，用力也不能过重，应先轻轻锯拉数下，等刀切入原料一半或三分之二左右时，再用力切下去。

（3）锯刀时左手要把原料按稳，一刀未切完时不能移动，因锯切时刀要前推后拉，原料移动，落刀就会失去依据。

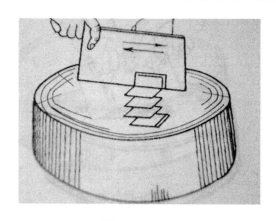

图1－6　锯切

5. 铡切

操作方法：铡切有两种切法：一种是切时右手握住刀柄，并使刀柄高于刀的前端；左手按住刀背前端使之着墩，并将刃口的前部按在原料上，然后对准要切的部位用力向下压切下去。另一种是右手握住刀柄，将刀放在原料要切的部位上，左手握住刀背前端，两手交替用力压切下去。还有一种类似铡切的方法：右手握住刀柄，将刀刃放在原料要切的部位上，左手掌用力猛击刀背，使刀铡切下去。

适用原料：

（1）带壳或带有软骨的原料，如蟹、鸡头、鸭头等；

（2）体小、易滚动的原料，如生花椒、花生米、煮熟的蛋类等。

技术关键：前一种切法，要将刀对准要切的部位，并且不使原料移动；压切时动作要快，做到干净利落，一刀切好，以保持原料的整齐，并且不使原料或其内部的汁因原料跳动而散失或溢出。后一种切法除上述要求外，还要求两手用力均匀。

6. 滚切

操作方法：刀与菜墩垂直，左手持原料不断滚动，原料每滚动一次，刀作一次直切运动。着力点是刀刃的前半部。一般原料成形后为三面体的块状。故又称为"滚刀切"。这种刀法可以切成多种多样的块，如剪刀块、楞块、木梳背块等。关键是在切同一种块形时刀的斜度应基本保持一致，这样才使切下来的原料大小划一。

适用原料：圆柱形或椭圆形的脆性原料，如菱白、萝卜、土豆等。

技术关键：

（1）左手指自然弯曲控制原料的滚动，根据原料成形规格确定滚动角度，角度越大，则原料成形就越大，反之则小。

（2）右手持刀，刀口与原料成一定角度，角度越小，原料成形越宽阔；角度越大，成形越狭长。

（二）剁

剁是将无骨的原料制成泥茸状的一种刀法，主要用于制馅和丸子等。剁有单刀剁和双刀剁两种。为了提高工作效率，通常左右两手同时持刀同时操作，这种剁法也叫排剁。而单刀剁也叫做直剁。（如图1－7所示）

1. 排剁

操作方法：用两把刀同时操作。两刀之间要间隔一定的距离，通常刀头之间的间隔窄一些，5～6厘米；刀跟之间的间隔宽一些，8～9厘米。操作时两刀一上一下，从左到右、从右到左地反复排剁；每剁一遍要翻动一次原料，直至原料剁成细而均匀的泥茸。天冷时，可以将刀放在温水中浸一浸再剁，以免黏刀。

适用原料：这种剁法一般适用于将无骨软性的原料加工成泥茸状。

技术关键：

（1）排剁时左右手配合要灵活自如，运用手腕的力量，提刀要有节奏。

（2）两刀之间要有一定的距离，不能互相碰撞。剁的过程中要勤翻原料。

图1－7 剁

2. 直剁

操作方法：用一把刀操作。剁时左手抓住原料，右手将刀对准要剁的部位，用力直剁下去。要一刀剁断，因一刀剁不断，再复剁第二刀，就很难照原来的刀口剁下去。这样不仅影响原料形状的整齐，而且可使原料带有一些碎肉碎骨，影响菜肴质量。因此，直剁要准而有力，一刀剁到底。

适用原料：这种剁法一般适用于较硬而带骨的原料。

技术关键：

（1）剁之前最好将原料处理成片、条等小块，从而使剁出的原料更加均匀细腻。

（2）将刀在水里反复浸湿，可防止肉粒飞溅和黏刀。

（3）注意剁的力量，以断料为度，防止刀刃嵌进菜墩。

（三）砍

砍通常用于加工带骨的或者是质地坚硬的原料。砍的操作方法是：右手必须紧握刀柄，对准要砍的部位，用力砍下去。砍有直砍、跟刀砍两种：

1. 直砍（如图1－8所示）

操作方法：左手扶稳原料，右手持刀，对准原料被砍部位，运用臂力垂直向下断开原料的砍法。

适用原料：适用于加工体形较大或带骨的动物性原料，如排骨、整鸡、整鸭、大鱼头等。

技术关键：

（1）要用臂膀的力量，将刀高举至头部位置，瞄准原料被砍部位，用臂力一刀断料。要求下刀准、速度快、力量大，力求一刀断料，如需复刀则必须砍在同一刀口处。

（2）原料要放平稳，如左手持料应离落刀点远一些，以防砍伤。

（3）砍时要把刀柄握紧，最好一刀砍断。

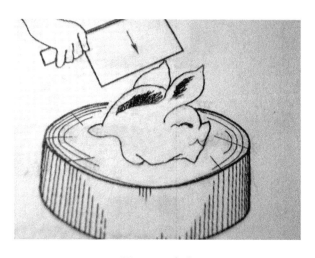

图1－8 直砍

2. 跟刀砍（如图 1-9 所示）

操作方法：对准原料要砍的部位先直砍一刀，让刀嵌在原料要砍的部位，然后使原料和刀一齐起落砍断原料。

适用原料：凡一次砍不断，须连砍 2~3 刀方能砍断的原料或质地坚硬、骨大形圆的原料，如猪头、大鱼头、蹄膀等。

技术关键：砍时需左手扶住原料，随着右手上下起落。另外，刀必须牢稳地嵌在原料上，不能使其脱落，否则容易发生砍空或伤手等事故。

图 1-9 跟刀砍

二、平刀法

平刀法是面与墩面接近平行的一种刀法，一般用于无骨的原料，可分为推刀片、拉刀片、推拉刀片、平刀片、抖刀片、滚料片几种。

（一）推刀片

操作方法：左手按稳原料，右手执刀，放平刀身，使刀面与墩面接近平行，然后由里向外将刀刃推入原料直至片断原料的方法。

适用原料：这种片刀法一般适用于加工较脆的原料，如片茭白、冬笋、榨菜等。

技术关键：

（1）按原料的左手不能按得太重，以使原料在片时不致移动为度。随着刀刃的推进，左手手指可稍翘起。

（2）按住原料的左手，其食指与中指应分开一些，以便观察原料的厚薄是否符合要求。

（二）拉刀片（如图1－10所示）

操作方法：左手按稳原料，右手执刀，放平刀身，使刀面与墩面接近平行，刀刃片进原料后不是向外推，而是向里拉进去断料的一种方法。

适用原料：这种批法一般适用于略带韧性的原料，如片肉片、鸡片等。

技术关键：

（1）操作时持刀要稳，刀身始终与原料平行，才能保证原料成形，厚薄均匀。

（2）左手食指与中指应分开一些，以便观察原料的厚薄是否符合要求。运刀时手指稍向上翘起，以免伤手。

图1－10　拉刀片

（三）推拉刀片（如图1－11所示）

操作方法：推拉刀片是将推刀片与拉刀片相结合，来回推拉的方法。左手按住原料，右手持刀将刀刃片进原料，一前一后片断原料。整个过程如拉锯一般，故又称为"锯片"。另外，起片还有上片和下片之分，上片从原料上端开始，厚薄容易掌握；下片从原料下端开始，成形平整。

适用原料：适用于切体大、无骨、韧性强的原料，如切火腿、猪肉等。

技术关键：

（1）上片用左手指压稳原料，食指与中指自然分开观察片的厚薄；下片用左手掌按稳原料，观察刀面与菜墩的距离，掌握片的厚薄。

（2）运刀始终与菜墩平行，才能保证起片均匀。

图 1-11　推拉刀片

（四）平刀片

操作方法： 平刀片是将刀身放平，使刀面与墩面几乎完全平行，一刀片到底的一种刀法。

适用原料： 适用于无骨的软性原料，如豆腐、肉冻、猪血等。

技术关键：

（1）刀的前端要紧贴墩的表面，刀的后端略微提高，以控制所需要的厚薄。

（2）刀刃要锋利，先将刀慢慢推入原料，再一刀片到底。

（五）抖刀片（如图 1-12 所示）

操作方法： 抖刀片的方法是左手按稳原料，右手持刀，刀刃吃进原料后将刀前后移动，同时上下均匀抖动，使刀在原料内波浪式地推进，直至抖片到底。

适用原料： 适用于柔软而带脆性的原料，如腰子、皮冻、蛋白糕等。

技术关键：

（1）刀刃片进原料后，波浪幅度及抖动的刀距要一致，保证成形美观。

（2）左手起辅助作用，不能使原料变形。

图 1-12　抖刀片

（六）滚料片

操作方法： 将圆柱形原料平放于菜墩上，左手按住原料表面，右手放平刀身，刀刃从原料右侧底部片进做平行移动，左手扶住原料向左滚动，边片边滚，直至片成薄的长条片。

适用原料： 适用于圆形、圆柱形原料的去皮或将原料加工成长方片，如黄瓜、萝卜、莴笋、茄子等。

技术关键：

1. 两手配合要协调。右手握刀推进的速度与左手滚动原料的速度应一致，否则原料会中途片断甚至伤及手指。

2. 随时注意刀身与菜墩的距离，保证成形厚薄一致。

三、斜刀法

斜刀法是刀面与墩面成小于90°角的一种刀法，有斜刀片和反刀斜片两种。

（一）斜刀片（如图1–13所示）

操作方法： 用左手指按稳原料左端，右手持刀，刀面呈倾斜状，片时刀背高于刀口，使刀刃从原料表面靠近左手的部位向左下方运动，斜着片入原料。这样片成的片或块形成斜面，面积就较横断面略大一些。

适用原料： 斜刀片一般适用于软质、脆性或韧性而体形较小的无骨原料。如片鸡片、肉片、腰片、鱼片、肚片和片白菜等都可采用这种刀法。

技术关键：

（1）左手按住原料要片的部位不使移动。

（2）两手的动作要有节奏地配合；一刀接一刀的片下去。对片成的原料的厚薄、大小以及斜度，主要通过两手的动作和落刀的部位、刀的斜度及运动的方向来掌握。

图1–13 斜刀片

（二）反刀斜片（如图 1-14 所示）

操作方法：刀背向里，刀刃向外，刀身微呈倾斜状，刀吃进原料后由里向外运动。

适用原料：这种片法一般适用于脆性的原料，如大白菜、茭白、莴苣、黄瓜、萝卜等。

技术关键：左手按稳原料，并以左手中指上部的关节抵住刀身，右手持刀，使刀紧贴着左手中指的关节片进原料，左手向后每一移动，其间隔应基本相同，以使片下来的原料大小厚薄一致。

图 1-14　反刀斜片

四、剞刀法

剞刀法是指在原料的表面切或片一些不同花纹的而又不断料的运刀方法，当原料加热后会形成各种美观的形状，故又称为花刀。剞刀法技术性强，要求较高。根据运刀方向和角度的不同，剞刀法可分为直刀剞、斜刀剞和反刀斜剞。

（一）直刀剞（如图 1-15 所示）

操作方法：直刀剞与直刀切相似，刀面与菜墩垂直，刀口对准原料要剞的部位，一刀一刀直切或推切，但不断料，直至将原料剞完。

适用原料：适用于加工脆性的植物性原料和有一定韧性的动物性原料，如黄瓜、猪腰、鸡鸭胗肝、墨鱼等。

技术关键：

（1）剞刀的深度根据原料的性质而定，一般为原料的 1/2～3/4。

（2）运刀的角度适当、刀距均匀，花形才美观。

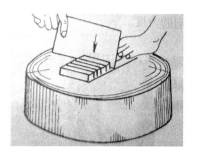

图 1-15 直刀剖

（二）斜刀剖（如图 1-16 所示）

操作方法：斜刀剖与斜刀片相似，只是不能将原料切断而已。

适用原料：适用于加工有一定韧性的原料，如鱿鱼、净鱼肉等。也可结合其他刀法加工出松鼠形、葡萄形等花刀。

技术关键：

（1）注意刀剖入原料的深浅要一致。

（2）剖入的刀口间距要均匀相等。

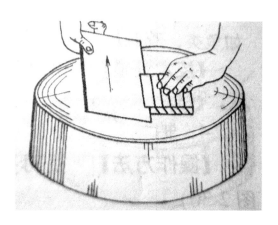

图 1-16 斜刀剖

（三）反刀斜剖（如图 1-17 所示）

操作方法：反刀斜剖与反刀斜片相似，只是不将原料切断而已。

适用原料：适用于加工各种韧性原料，如鱿鱼、猪腰、鱼肉等。也可结合其他刀法加工出麦穗形、眉毛形等花刀。

技术关键：注意用刀倾斜度、刀的深浅度（一般为原料的 1/2 ~ 3/4 深）及刀距的均匀度。

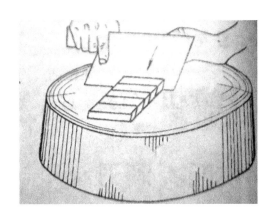

图 1－17　反刀斜剞

五、其他刀法

除直刀法、平刀法、斜刀法、剞刀法之外，往往还需要一些特殊的原料加工刀法，常用的有刮、削、捶、拍、戳、旋、剜、剔、撬等。

（一）刮

操作方法：用刀将原料表皮或污垢去掉的加工方法。操作时将原料平放在墩子上，从左到右去掉所有不要的东西。

适用原料：适用于刮鱼鳞、刮肚子、刮丝瓜皮等。

技术关键：刀刃接触原料，掌握好刮的力度。

（二）削

操作方法：用刀平着去掉原料表面一层皮或加工成一定形状的加工方法。左手拿原料，右手持刀，刀刃向外，削去原料的外皮。

适用原料：适用于去原料外皮，如削莴笋皮、冬瓜皮，将胡萝卜削成橄榄形等。

技术关键：掌握好去皮的厚薄，避免浪费原料。

（三）捶（如图 1－18 所示）

操作方法：用刀背将原料加工成茸状的刀法。捶泥时，刀身与菜墩垂直，刀背向下，上下捶打原料至其成茸状。

适用原料：适用于肉质细嫩的原料加工成茸，如鱼类、鸡脯等。

技术关键：用力均匀，勤翻原料，使其更加细腻。

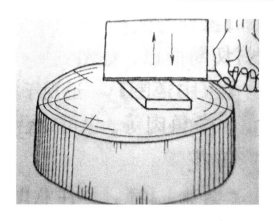

图 1-18 捶

（四）拍（如图 1-19 所示）

操作方法： 用刀身拍破或拍松原料的方法。

适用原料： 拍破原料，使其容易出味，如姜、葱等。也能使韧性原料肉质疏松，如猪排、牛排等。

技术关键： 根据烹调要求及原料性质，用适当的力量将原料拍松或拍碎。

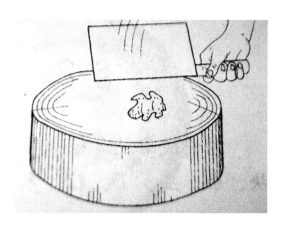

图 1-19 拍

（五）戳

操作方法： 用刀根不断戳原料，且不致断的刀法。戳后使原料松弛、平整，易于入味成熟，成菜质感松嫩。

适用原料： 适用于鸡腿、肉类等原料。

技术关键： 根据原料特性合理掌握戳的程度，以使原料质地松嫩。

（六）旋（如图1-20所示）

操作方法： 左手拿原料，右手持稳专用旋刀，两手相配合采用旋转的方式去掉外皮的方法。

适用原料： 适用于去掉原料的外皮，如苹果、梨等。

技术关键： 随时注意去皮的厚度，以免浪费原料。

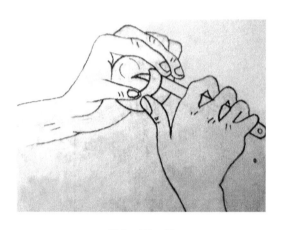

图1-20　旋

（七）剜（如图1-21所示）

操作方法： 用刀将原料内部挖空的加工方法。

适用原料： 适用于挖空苹果、梨等原料，便于填充馅料。

技术关键： 剜时注意原料四周厚薄均匀，以免穿孔露馅。

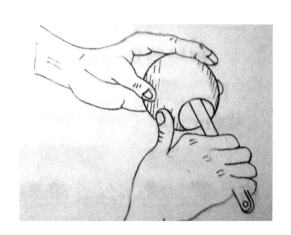

图1-21　剜

（八）剔

操作方法：分解带骨原料，除骨取肉的刀法。

适用原料：适用于畜、禽、鱼类等动物性原料。

技术关键：下刀要准确，刀口要整齐，根据原料的不同分别运用刀尖、刀根等部位，以保证原料的完整。

（九）揿（如图 1-22 所示）

操作方法：刀刃向左倾斜，右手握刀柄，用刀身的另一面压住原料，将本身是软性的原料从左至右拖压成茸泥的加工方法，也称为"背"。

适用原料：适用于加工豆腐泥、土豆泥等原料。

技术关键：从左到右依次拖压，务必使原料均匀细腻，无明显颗粒。

图 1-22　揿

第六节　刀法在原料加工中的应用

原料经过不同的刀法加工以后，就成为既便于烹调，又便于食用的各种形状，常见的有块、片、丝、条、丁、粒、末、茸、泥等。

一、块

块一般是采用切、砍、剁等刀法加工成的。凡质地较为松软、脆嫩，或者是质地虽较坚硬，但去骨去皮后可以切断的原料，一般可采用切的刀法成块。例如，蔬菜类可以用直切的刀法；已去骨去皮的各种肉类，可以用推切或拉切的刀法；原料松而易散的，可采用锯切的刀法；原料质地较为坚硬而且有皮带骨的，则可用砍或剁的方法成块。用来加工成块的原料，先要加工成段、条状，块形的大小是否适宜和均匀，取决于成段、条状的原料的宽窄厚薄是否一致。

块的种类很多，常用的有象眼块（菱形块）、大小方块、长方块（骨牌块）、排骨块、劈柴块、大小滚料块等。

（1）象眼块：也叫菱形块，形状似菱形，与象眼差不多，故得名。交叉斜切即成。

（2）大小方块：一般指厚薄均匀、长短与厚薄相等的块形。边长3厘米以上的叫大方块，边长3厘米以下的叫小方块。一般用切或剁等刀法加工而成。

（3）长方块：呈长方形，又叫骨牌块。一般是0.6厘米半厚，1.5厘米宽，3厘米长。

（4）劈柴块：这种形状多用于切冬笋和茭白一类原料，另外凉拌黄瓜也有用劈柴块的。加工办法是先用刀将原料顺长切为两半，再用刀身一拍，切成条形的块。其长短厚薄不一，就像做饭用的劈柴，故得名。

（5）排骨块：原是指切成约3厘米长的猪软肋骨而言的，类似大小和类似形状的块就叫排骨块。

（6）大小滚料块：这种块形是用滚切的刀法加工而成。一般用于蔬菜类原料，如黄瓜、土豆、山药、莴苣等。加工时必须先在原料的一头斜着切一刀，再将原料向里滚动，再切一刀，这样连续地切下去。切出来的原料一边厚、一边薄。切的时候原料滚动幅度大，切出来的块即为大滚料块；滚动幅度小，即为小滚料块，也叫梳子背块。

块形大小的选择，主要根据烹调的需要及原料的性质。用慢火长时间烹调的，块可稍大一些；用急火短时间快速烹调的，块要小一些；原料质地松软、脆嫩的，块可稍大一些，质坚硬而带骨的块可稍小一些。

二、片

片有多种成形的方法。某些质地较为坚硬的脆性原料可以采用切的方法。其中瓜果类、蔬菜等可采用直切；韧性原料可采用推切、拉切或锯切等。薄而扁平的原料可采用片的刀法。片有多种多样的大小、厚薄和形状，常用的有柳叶片、象眼片、月牙片、夹刀片、磨刀片等。

（1）柳叶片：将原料斜着从中间切开，再斜切成如柳叶的狭长薄片，长约6厘米、厚约0.3厘米的片。多用于猪肝一类原料。

（2）象眼片：也叫菱形片，加工成菱形块后再直刀切成片。菱形片的长对角线约5厘米，短对角线约2.5厘米，厚0.2厘米。多用于植物类嫩脆原料，如"莴笋肉片"中的青笋片。菱形片又称斜方片、旗子片。

（3）月牙片：先将圆形或近似圆形的原料切为两半，再顶刀切成呈半圆形的片即成。

（4）夹刀片：又称火夹片，原料成形为每片0.3～1厘米的长方片或圆片。两刀一断，切成两片连在一起的坯料。用于鱼香茄饼的茄片、夹沙肉的肉片等。

（5）骨牌片：按边长修成块，再直切成片。分大骨牌片和小骨牌片两种。大骨牌片规格为长6～6.6厘米、宽2～3厘米、厚0.3～0.5厘米。小骨牌片规格为长4.5～5厘米、宽1.6～2厘米、厚0.3～0.5厘米多用于动、植物性原料成形。

（6）磨刀片：是用斜刀片的刀法加工而成。因片时将原料平放在墩上，用刀自左到右像磨刀一样，一刀一刀地片下去，故称磨刀片。

从烹调的要求来看，一般汆汤用的片要薄一些，用于滑炒的可稍厚一些，某些易碎烂的原料。如鱼片、豆腐片等，要厚一些。质地坚硬而带有韧性或脆性的原料，如鸡片、肉片、笋片等，则可稍薄一些。

切片时应注意以下几点：

①持刀平稳，用力轻重一致。

②左手按物要稳，不轻不重。

③在切片的过程中要随时保持墩面干净。

④刀要随时擦干。

三、丝

切丝时先要把原料加工成片形，然后再切成丝。切时要将片排成瓦楞形或整齐地堆叠起来。前法适用于大部分的原料，效果也较好，后法因堆叠得高，切到最后手扶不住，容易倒塌。另外，某些片形较大较薄的原料，如青菜叶、鸡蛋皮等，可先将其卷成筒状，然后再顶刀切成丝。

丝有粗细之分，性质韧而坚的原料，可以加工得细一些，质地松软的原料，就需要切得稍粗一些。丝的粗、细，主要决定于片的厚薄，丝要细首先片要薄。因此，在切片时，就应考虑到丝的粗细而加工成适宜的厚度。丝的长度一般以5厘米左右为宜。切丝时要注意以下几点：

第一，加工片时要注意厚薄均匀。切丝时要切得长短一致、粗细均匀。

第二，原料加工成片后，不论采取哪种排列法，都要排叠得整齐，且不能叠得

过高。

第三，左手要把原料按稳，切时原料不可滑动，这样才能使切出来的丝宽窄一致。

第四，切丝要根据原料的性质而决定顺切、横切或斜切。例如牛肉纤维较长且肌肉中韧带较多，应当横切；猪肉比牛肉嫩，筋较细，应当斜切或顺切，使两根纤维交叉搭牢而不易断碎；鸡肉、猪里脊肉等质地很嫩，必须顺切，否则烹调时易碎。

四、条

条一般适用于无骨的动物性原料或植物，它的成形主要先将原料片切成厚片，再改刀而成。条的粗细取决于片的厚薄，条的两头应呈正方形。条有粗细之分，粗条一般是长5厘米，宽厚各1.5厘米；细条长4厘米，宽厚各1厘米。

五、丁、粒、末

丁的成形一般是先将原料切成厚片，再将厚片改刀成条，再将条改刀成丁。条的粗细厚薄决定了丁的大小。切丁，要力求使其长、宽、高、大小基本相等，形状才美观。粒的成形比丁要小些，成型方法与丁相同，也是将原料加工成条后再切成粒。末的大小有如小米或油菜子，一般将原料剁、铡、切细而成。

六、茸、泥

茸、泥是采用排剁的方法制成的。其质量要求是：要将原料剁得极细，形成泥状。剁茸、泥的原料，一般有鸡、虾、鱼、肉等。在制茸、泥之前，先要将原料的骨、筋、皮等去掉。剁制鱼、虾等茸、泥还需要适当搭配一点猪肥膘，以增加茸、泥的黏性。其比例是，鸡茸约放1/3，肉、鱼、虾茸等约放2/3。

第七节　花刀的种类及操作方法

刀工的美化是使用混合刀法，在原料表面划一些有相当深度的刀纹，经过加热后使它们卷曲成各种不同的形状。所谓的混合刀法，就是直刀法和斜刀法两者混合使用，也就是剞，又称花刀。剞主要用于韧中带脆的原料，如家畜的肾、肚；家禽的胗、肝以及鱿鱼、乌鱼和整条的鱼等。如前所述，剞的作用有三：一是使原料入味；二是使原料易于成熟而保持脆嫩；三是可使原料在加热后形成各种花纹。

剞的过程一般是先片后切。片、切的刀纹要深浅一致，距离相等，整齐均匀，互相对称。由于剞法不同，加热后所形成的形态也不一样。现将一般的花刀介绍如下：

一、麦穗花刀

先用斜刀法在原料上锲上一条条平行的刀纹，再转一个角度，用直刀法剞成一条条与斜刀纹相交成直角的平行刀纹，然后切成长条，加热后就卷曲成麦穗的形状。刀口深度为原料的2/3。

二、荔枝花刀

在厚度约0.8厘米的原料上，用反刀斜剞约0.5厘米宽的交叉十字花形，其深度为原料的2/3，再顺纹路切成约5厘米长、3厘米宽的长方块、菱形块或三角形块，经烹制卷缩后即成荔枝形，如"荔枝肚花"、"荔枝腰块"等。

三、梳子花刀

先用直刀锲出刀纹，再把原料横过来切成片，烹熟后像梳子形状。这种刀法多用于质地较硬的原料。

四、蓑衣花刀

在原料的一面剞麦穗花刀那样剞一遍，再把原料翻过来，用推切法剞一遍；其刀纹与正面斜十字刀纹呈交叉状，两面的刀线深度均为4/5，再将原料改刀成3厘米的块。经过这样加工的原料提起来两面通孔，呈蓑衣状。

五、菊花花刀

先将原料的一端切成一条条平行的薄片（并不切到底），深度约为原料的4/5，另一端1/5连着不断。然后再垂直向下切，使原料厚度的4/5呈丝条状，厚度的1/5仍相连而成块状，加热后即卷曲成菊花状。

六、卷形花刀

将原料的一面剞上十字花刀，其深度为原料的2/3然后改成长方块，加热后呈卷形。此种花刀一般适用于脆原料，如鱿鱼、乌鱼等。

七、柳叶花刀

这种刀法一般用于剞鱼。先在鱼身中央，从头至尾顺，长剞一刀纹，并以这一刀纹为中线。在两边顺斜着剞上距离相等的刀纹，即成柳树叶状。

八、球形花刀

将原料切或片成厚片，再在原料的一面剞上十字花刀，刀距要密一些，深度约为原料的2/3，然后改为正方或圆块，加热后即卷曲成球状。此种刀法一般适用于脆性或韧性原料。

 思考与练习

1. 刀工的基本要求是什么？
2. 刀工有哪些作用？
3. 刀法可分为哪几种？
4. 刀工美化的作用是什么？试说明各种花刀的操作过程。

第二章　鲜活原料的初加工

1. 了解鲜活原料加工的基本要求
2. 了解和掌握各种鲜活原料的加工方法

第一节　鲜活原料初步加工概述

鲜活原料洗涤、宰杀和初步整理的过程，称为原料的初步加工。原料的初步加工在整个烹饪过程中占有相当重要的地位。因为无论动物性或植物性的烹饪原料，都不可以直接用来烹制菜肴，而必须按原料的不同种类、性质进行不同的初步加工，以适应烹调的需要。如果原料或者经过初步加工的原料在取料、营养和卫生等方面都不符合要求，那么，即便有丰富经验的烹调技师也难以做出"色、香、味、形"俱佳的菜肴。

鲜活原料初步加工基本要求：

一、卫生要求

鲜活原料在市场购进时，一般都带有污秽杂物，有的原料本身还带有一些不能食用的东西，必须经过洗涤、刮削和整理加以清除。

二、保留原料的营养成分

各种原料所含的营养成分，在进行初步加工时要尽可能加以保存。例如，一般的鱼都要刮去鱼鳞，但"鲥鱼"和"白鳞鱼"则不可刮去鱼鳞，因为它们的鳞片中含有大量的脂肪，加热成熟之后，可以大大增进滋味的鲜美。

三、使菜肴的"色、香、味、形"不受影响

在进行初步加工时，必须根据原料的不同性质和所要烹制菜肴的不同要求而采取不同的措施，以使原料制成菜肴后，在"色、香、味、形"各方面不受影响。例如，为了保持新鲜蔬菜的鲜绿颜色，可在开水中"焯"一下，但焯后必须用凉水浸透，否则叶绿素氧化而使蔬菜的色泽变黄。制作"干烧鱼"的鱼在取内脏时，不能从腹部开刀取，而须从口中取，否则会影响菜肴"形态"的完整。下脚料的初步加工也须综合运用"冲、洗、刮、剥"等方法并恰当地进行焯水以除去异味，以免影响菜肴口味。宰鸡、鸭、鹅时，要将血放净，不然肉质会变红。

四、物尽其用，降低成本

不同品质的菜肴对原料的选用有不同的要求。根据不同原料的性质、大小形状、老嫩程度，物尽其用，运用不同的加工方法和烹调方法，不仅可以保证和提高菜肴的质量，还可以降低菜肴的制作成本。

第二节　新鲜蔬菜的初步加工

蔬菜是人们日常膳食中不可缺少的副食品，除含有能促进肠蠕动，以利排泄的纤维素外，还含有丰富的维生素和无机盐。蔬菜也是烹制菜肴的重要原料，既可广泛用作各种菜肴的配料，也可单独制作菜肴品种，如"奶汤蒲菜"、"炝芹菜"、"生煸草头"、"油焖笋"等。甚至还有完全用蔬菜制作出整桌筵席的菜肴。

蔬菜的品种很多，其可供食用的部位也各不相同，有的用种子，有的用叶子，有的用茎，有的用根，有的用皮，也有的用花等，所以蔬菜的初步加工也必须有区别地进行。

一、蔬菜加工的一般原则

（一）清除干净

黄叶、老叶必须清除干净。蔬菜上的老、黄叶片一般不能食用，与好的菜叶混在一起会影响菜肴的质量，因此应该把它们去掉。

（二）洗涤干净

虫卵杂物必须洗涤干净，以保证人体健康。尤其是蔬菜叶片背面和根部，往往

带有许多虫卵，必须洗涤干净。

（三）先洗后切

蔬菜要先洗后切。如先切后洗，会从切口处流失较多的营养素。所以在保持菜肴风味特点的前提下，要尽可能做到先洗后切。

二、蔬菜初步加工的方法

蔬菜种类很多，其产地、上市季节和食用部分又各不相同，因而初步加工的方法也不尽相同。蔬菜有新鲜的和干制的两种，本节主要讲述新鲜蔬菜的初步加工。

（一）叶菜类的初步加工

原料中的叶菜品种有生菜、菠菜、白菜、苋菜、甘蓝等，其加工流程主要有两种。

（1）择拣整理去除黄叶、老边、糙根和粗硬的叶柄，以及泥土、污物和变质的部位。

（2）洗涤过程主要是用清水洗涤，以除掉泥土、污物和虫卵，必要时用盐水浸泡5分钟，使虫卵的吸盘收缩，飘落于水中，然后洗净。

（二）花菜类的初步加工

原料中的花菜品种有花椰菜、青花菜、西兰花等。

（1）择拣整理过程主要去除茎叶，削去发黄变色的花蕾，然后分成小朵或去除老边。

（2）洗涤过程主要去除花蕾内部的虫卵，必要时可以先用2%的盐水浸泡，再洗涤干净。

（三）根茎菜类的加工工艺

原料中的根菜品种主要有土豆、山芋、萝卜、胡萝卜、红菜头等。

（1）去皮整理：根茎菜类一般都有较厚的外皮，不宜食用，应该去除。但去除的方法因原料不同而有所不同。胡萝卜、红菜头等只需轻微刮擦即可，而土豆、山芋等需要去皮整理后，再用小刀去除虫疤及外伤部分。

（2）洗涤：根茎菜类一般去皮后洗净即可。但有些根茎蔬菜，如土豆、莴苣等去皮后容易发生氧化褐变，所以去皮后应及时浸泡于水中，以防止变色。但浸泡时间不能过长，以免原料中的水溶性营养成分损失过多。

（四）瓠果类的加工工艺

原料中的瓠果类品种主要有番茄、黄瓜、辣椒、荷兰豆等。

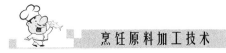

（1）去皮去子，整理黄瓜、茄子可以用刨子、小刀削去表皮（如表皮细嫩可以不去）；豆角类要撕掉筋脉；番茄通常用开水浸烫数秒后用冷水冲凉撕去皮、去子。

（2）洗涤瓠果类蔬菜。经过去皮去子整理后，一般用清水洗净即可。如是生食的瓜果，可以用0.3%的高锰酸钾溶液浸泡5分钟，再用清水洗净。

第三节　家禽、家畜的初步加工

家禽、家畜为烹制菜肴的重要原料。其初步加工比较复杂，而且处理的恰当与否直接关系到菜肴的质量。

一、家禽初步加工的一般原则

用以制作菜肴的家禽有鸡、鸭、鹅、鸽等，其初步加工主要有四个步骤，即宰杀、褪毛、开膛和洗涤。家禽初步加工的一般原则是：

（一）宰杀时血管、气管要割断，血要放尽

宰杀时血管、气管必须割断，血要放尽。因为血管、气管割不断，血就不能出净。而不把血放尽就会使肉质发红，影响质量，因此必须割断二管，放尽血液。

（二）褪毛时掌握好水的温度和烫的时间

褪毛时要掌握好水的温度和烫的时间。这主要根据家禽的老嫩和季节的变化来掌握。质地老的，烫的时间要长，水温也要高一些；质地嫩的，烫的时间可短一些，水温也可略低一点。冬季水温应高一些，夏季水温低一些，水温也可略低一点。春秋两季适中。另外还要根据品种的不同而异。就烫的时间而言，鸡可短一些，鸭、鹅就要长一些。

（三）洗涤干净

禽类的内脏和腹腔的血污都要反复搓，洗冲净，直至污秽、血污除尽为止，否则会影响成品质量。

（四）做到物尽其用

家禽的各部分都有用。头、爪可用来卤、酱、煮汤，拆卸后的骨骼能吊汤，鸡、鸭、鹅羽毛可供出口，鸡肫皮可供药用，肫、肠、心、肝可用来烹制菜肴。所以家禽的各部分在初步加工时不能随意抛弃。

二、家禽初步加工的方法

（一）宰杀

宰杀鸡、鸭前，先备好一只碗，碗中放少许食盐和适量的冷水（冬天可用温水）。宰杀时左手握住鸡，小指勾住鸡的右腿，用拇指和食指捏住鸡颈（要收紧颈皮，使手指捏到鸡颈骨的后面，以防割伤手指），在落刀处拔去少许颈毛，然后割断气管和血管，立即把鸡身下倾，放尽血液（血要滴入碗中，待血全部流尽后，用筷子调和一下）。

（二）烫泡和褪毛

宰杀后要烫泡、褪毛，这个步骤必须在鸡停止挣扎，完全死后进行。过早可因肌肉痉挛，皮紧缩，不易褪毛，过晚则肌体僵硬也不易褪毛。烫泡毛时所用的水的温度，应根据季节和鸡的老嫩而定。一般情况下，老鸡用开水，嫩鸡用60℃~80℃的水。烫泡煺毛的过程中不能搞破鸡皮，影响美观。

宰杀前先给鸭、鹅喂些凉水，并用凉水浇透全身，褪毛比较容易。鸭、鹅烫毛的方法有两种。

（1）温烫。用于当年的嫩鸭、嫩鹅。水烧至60℃~70℃时，将鸭或鹅放入，并使水温始终保持在这个温度上。先褪翅膀的毛，再褪颈毛，最后褪全身。

（2）热烫。用于质地较老的鸭、鹅。将水烧至80℃时，把鸭或鹅放入，并用木棍搅动，烫透后取出褪毛。褪毛时应先褪胸部和颈部毛，再褪全身。

（三）内脏

开膛方法有多种，可视烹调的需要而定。开膛方法一般有腹开、肋开、背开等三种。

（1）腹开。适用于一般的烹制要求，如：制作烧鸡块、炒鸡片、爆鸡丁等。其操作方法是先在鸡颈右侧的脊椎骨处开一刀口，取出嗉囊；再在肛门与肚皮之间开一条约6厘米长的刀口，由此处轻轻拉出内脏，然后洗净。

（2）肋开。用于供烤制的鸡或鸭，可使在烤制时不漏油。操作方法是在鸡的右翼下开口，然后从开口处将内脏取出，同时把嗉囊拉出，冲洗干净即成。

（3）背开。一般用于清蒸、扒等烹制方法。因成品装盘时腹部朝上，用背开法既看不见裂口，又显得丰满，较美观。其操作方法是在鸡的脊背骨处剖开，然后取出内脏洗净。

以上三种取内脏的方法，不论用哪一种，都应注意不要碰碎肝和胆。因为肝是烹调菜肴的上等原料，破碎后就不能用了；胆囊破碎后，鸡肉可因沾染胆汁而呈苦味，严重时甚至不能食用。

（四）内脏洗涤

鸡、鸭的内脏除嗉囊、气管、食道及胆囊不能食用外，其他部分都可以食用。可食用的内脏的洗涤方法如下：

（1）先割去前段食肠，将肫剖开，刮去污物，剥去内壁黄皮洗净。

（2）肝。肝在开膛取出时即应摘去附着的胆囊，洗净即可。

（3）肠。先去掉附在肠上的两条白色的胰脏，然后顺肠剖开，再用明矾、粗盐等搓去肠壁上的污物、黏液后洗净，再用开水烫泡一下（烫的时间不宜过久，久烫则老）。

（4）油脂。鸡腹中的油脂，经制作后俗称为明油。此种油不易煎、熬，煎、熬后油色发浑不亮。明油的制作方法是：先将油脂洗净，切碎放入碗内，加上葱、姜上笼，将油脂蒸化取出，去掉葱、姜。

（5）血。将已凝结的血放入开水中烫熟取出。但须注意火候，如烫得太久，则血块起孔，食之如棉絮，质量差。

三、家畜内脏及四肢的初步加工

家畜内脏和四肢（包括心、肝、肺、肚、肾、肠、头、爪、舌、尾、脑等），由于污秽较重，黏液多，洗涤较为困难。

家畜内脏不但营养丰富，而且可以制成多种多样具有特殊风味的菜肴。如用猪大肠烹制的"九转大肠"，用猪肺烹制的"菠饺银肺"等，都是有特殊风味的名菜，这些菜肴质量的好坏，与原料的洗涤处理有很大关系。内脏洗涤方法有醋搓洗、里外翻洗，刮、剥洗，清水漂洗和灌水冲洗等五种。这些洗涤方法都比较细致，要耐心操作。

（一）盐、醋搓洗法

此洗法主要用于搓洗油腻和黏液较奏效的原料，如肠、肚等。在里外翻洗前，应先加适量的盐和醋反复揉搓，然后洗涤。这样可以去其外层黏液和恶味。

（二）里外翻洗法

此洗法主要用于洗猪、牛、羊的肠、肚等内脏。这些内脏的里层十分污秽，如果不把里层翻过来洗，是洗不干净的。只有在用盐、醋揉搓洗净黏液后，再把整个肠、肚完全翻过来洗，才能去净污秽杂物。

（三）刮、剥洗法

此洗法是一种除去外皮污垢和硬毛的洗法。如洗猪蹄，一般要刮去蹄间及表面的污垢和余毛（除余毛最好连根拔起）。洗猪舌、牛舌，一般先用开水泡至舌苔发白，即可刮剥去白苔，然后就可洗涤。头、蹄上的余毛，也可先用烧红的铁器烙去，再刮洗干净。

（四）清水漂洗法

此洗法主要用于家畜类的脑、筋、脊髓等。这些原料很嫩，容易破损，应放置在清水中轻轻漂洗，其中的血衣、血筋，可用牙签剔去，再轻轻漂洗干净。

（五）灌水冲洗法

此洗法主要用于猪肺。可将大小气管、食管剪开冲洗干净，再经开水一余除去血污白皮后洗净。还有一种方法是将气管或食管套在水管上，灌水冲洗数遍，直至血污冲净肺叶呈白色为止。

第四节　水产品的初步加工

水产品可分为咸水产品（海中产的）和淡水产品（江、河、湖、塘、池中产的）两大类。水产品中含有大量的蛋白质、脂肪和无机盐等，种类繁多，使用广泛，是一种重要的烹调原料。

一、水产品初步加工的一般原则

水产品在进行切配、烹调之前都要经过宰杀、刮鳞、去鳃、去内脏、洗涤、出骨、分档等过程。至于这些过程的具体做法，则须看品种和用途而定。水产品初步加工的一般原则是：

（一）注意除尽污秽杂质

水产品中往往有较多不易除去的污秽、黏液、血水，在初步加工中必须将这些杂质除尽，尽量除去腥味或异味。

（二）根据不同用途和不同品种进行初步加工

如一般鱼都须去鳞，但有的鱼不能去鳞。取出内脏的方法也不是千篇一律的，有的剖腹取，有的从口中取。鳝鱼的初步加工，因其用于烹制，鳝片、鳝糊或鳝筒而有所不同。

（三）切勿弄破苦胆

一般淡水鱼类均有苦胆，若将苦胆弄破，则胆汁会使鱼肉的味道变苦，影响菜肴的质量，甚至无法食用，应在剖腹挖肠时加以注意。

（四）注意合理使用原料，防止浪费

加工比较大的鱼，应注意分档取料，合理使用。如青鱼的头尾、肚挡、划水可以分别红烧，鱼肉可加工成片、丁、丝等用途。还应注意节约原则。如鱼出骨尽量使骨上不带肉，下脚料要充分利用，鱼骨可以煮汤，鱼花可用于清炸，鱼子也可以食用，有的鱼肚干制后还是上等烹调原料。总之，切不可将能食用的部分随意丢掉，要避免浪费。

二、水产品初步加工的方法

水产品的初步加工，大体可分为刮鳞、褪沙、剥皮、泡烫、摘洗、宰杀等几种方法。应当指出的是，这里所说的"刮鳞"、"褪沙"等，实际上是指"取鱼身"的整个过程，包括去掉鱼鳃、内脏等，之所以分别把它们称为刮鳞、褪沙等，是为了突出不同品种的水产品的初步加工方法的重点。

（一）普通常见鱼的初加工

初加工步骤是：刮鳞——去鳃——开膛去内脏——洗涤。

（1）刮鳞：鱼鳞一般无食用价值，质地较硬，在加工时应予以刮除。

（2）去鳃：鳃是鱼的呼吸器官，鳃内往往夹杂一些泥沙、异物，应去除干净。

（3）开膛去内脏：鱼类开膛方法应视烹调用途而定。一般用于红烧、清炖的鱼类应剖腹去内脏；用于出骨成菜的鱼类应采用背部开膛的方法。另外，有些原料在加工时为了保持鱼体外形完整，用竹筷从鱼口中将内脏绞出，如"清蒸鳜鱼"等。

（4）洗涤：因鱼类腹腔中污血较多，尤其是一些池养鱼，腹腔内有一层黑膜（俗称黑衣），腥味重，在洗涤时应清除。

（二）虾蟹类的初加工

虾蟹属于节肢动物类，生活在淡水或海水中。虾类主要有龙虾、基围虾、对虾、毛虾、河虾等。蟹类主要有肉蟹、膏蟹、花蟹、雪蟹等。

虾蟹类原料的加工方法一般为：

（1）虾类：剪去虾枪和虾须，挑出头部沙袋，从背脊处用刀划开，剔去虾筋、虾肠即可。

（2）蟹类：用刷子将蟹壳洗刷干净，去除蟹壳，用清水清洗干净即可。

（三）龟鳖类的初加工

龟鳖属于爬行纲鱼鳖目，因其生命力较强，为防止加工时咬伤人，一般先宰杀后清洗。

甲鱼的初加工步骤是：宰杀——烫泡——开壳去内脏——洗涤。

（1）宰杀：常用的方法有两种，一是将甲鱼腹部向上放在案板上，等其头部伸出支撑欲翻身时，用左手握紧颈部，右手用刀切开喉部放尽血；二是用竹筷等物让其咬住，随即用力拉出头并迅速用刀切开喉部放血。

（2）烫泡：根据甲鱼质地老嫩和加工季节不同，准备一锅70℃～100℃的水，放入甲鱼，烫3～5分钟，取出后用刀刮去脂皮、杂物。

（3）开壳去内脏：用刀剔开裙边与鳖甲结合处，掀开甲壳，去除内脏，用清水洗净血污即可。

（四）软体动物的初加工

软体动物是低等动物中的一门，身体柔嫩，不分节。因为大多数软体动物都有贝壳，故通常称为贝类。其主要种类有鲍鱼、田螺、蛏子、文蛤、扇贝、蛤蜊等。

（1）鲍鱼：主要食用部位为肥厚的足块，加工时一般先用清水洗净外壳，投入沸水锅中煮至离壳，取下肉，去其内脏和腹足，用竹刷将鲍鱼刷至白色，再用清水洗涤干净。

（2）田螺：常见且分布较广的有中华圆田螺，主要生长于淡水湖泊。加工方法有两种，一种是用清水加入食盐，将田螺放入盆内泡2天，待其吐尽泥沙，再反复清洗干净，用钳子钳去尾壳即可；另外一种是将其用沸水煮至离壳，用竹签挑出螺肉，洗净即可。

（3）扇贝：采用专用工具将壳撬开，剔除内脏，用水洗去泥沙即可烹调。

（4）蛤蜊：加工时先将活蛤蜊放入2%的盐水中促使其吐出腹内泥沙，然后将其放入开水锅中煮至蛤蜊壳张开捞出，去壳留肉，再用澄清的原汤洗净。类似此种加工方法的原料还有竹蛏等。

（5）蛏子：将两壳分开，取出蛏子肉，挤出沙粒，再用清水洗净即可。

第五节　常见野味的初步加工

野味，南北方都有，尤其南方较多。特别是广东食用的野生动物范围很广，不少飞禽、走兽、爬虫，均可烹制成有独特风味的各种名菜。现将常用的几种野生动物的初步加工分别介绍如下。

一、黄猄

产于广东省西北部一带山区。形似小黄牛，脚高细，色金黄，行走极快。宰杀时先将后足捆牢，左手将嘴抓紧，用较长的尖刀从喉部刺入放血，然后用70℃热水烫透、褪毛，再剖腹取出内脏，最后洗净即可。

二、狸

多产于广东省西北部山区一带，其他山区均有。狸分为豹狸、菜狸、间狸、猪狸等。豹狸形似小花豹；间狸尾巴上灰白相间；猪狸像小猪，但头小臀大，灰色。

宰杀狸通常先用酒灌醉。具体方法是用一根中空的铁管伸入笼内至狸头附近，狸便会张口咬着铁管，随即用酒从铁管上端灌入，流入狸的口内，片刻便醉倒。醉后刺喉放血。也有的把铁笼放入水中将狸淹死，再放血，但以酒醉法为好。狸放血后即可褪毛。醉死的用70℃热水，淹死的用75℃左右的热水，烫至狸身湿透，再褪净毛，剖腹取出内脏，洗净即可。

三、蛇

各地均有。身体圆而细长，有鳞，没有四肢。种类很多，有的有毒，有的无毒。毒蛇一般头呈三角形。宰杀时先用右手将蛇轻轻拿起，左手沿着蛇身轻轻捋上蛇头，用食指和拇指把头捏紧，右脚踏着蛇尾，右手用小刀在蛇颈圈处开口，把颈皮割断，然后用尖刀插入皮内，从头割至尾，剥去蛇皮，连内脏带出，把蛇头、尾剁去，洗净即可。

四、鹌鹑

各地均有。头小尾巴短，属鸟类而不善飞，羽毛赤褐色，带有花点纹。宰杀时多是淹死或摔死，煺毛的水温是沸水、冷水各半，褪毛后，破腹取出内脏洗净。

五、野鸭

多产于广东省珠江三角洲一带及湖北省。形似家鸭，稍小，能飞善游。（饮食业所用的野鸭，活杀的很少）先用冷水将毛淋至湿透，再用70℃热水浸透褪毛，也可干褪，接着开腹取出内脏洗净。

思考与练习

1. 鲜活原料初步加工的意义是什么？

2. 新鲜蔬菜的初步加工有哪些原则和方法？

3. 水产品的初步加工有哪些原则和方法？

4. 你了解哪些野味品种？怎样进行初步加工？

第三章　分档取料与整料出骨

 **学习目标**

1. 了解分档取料的要求和意义
2. 了解分档取料的要求，掌握分档取料的方法
3. 了解整料出骨的要求，掌握整料出骨的方法

第一节　出肉加工的要求和意义

出肉加工是根据烹调的要求，将动物性原料的肌肉组织从骨骼上分离出来的加工过程。出肉加工是一项技术性较强的工序，出肉质量的好坏不仅直接影响菜肴的质量，而且还涉及原料的利用率和用料的成本。因此，对出肉加工有以下几点基本要求。

一、根据烹调和菜肴的要求准确出肉

出肉的目的是为达到烹调目的和美化菜肴，为达到菜品特有风味服务的。因此，出肉时必须准确把握。如制作杭州名菜"龙井虾仁"时，必须去净河虾须、头、壳；而制作"雀巢凤尾虾"时，则只需去头、须、身壳而留尾；制作"蜜汁元蹄"时，必须去净膛骨；而制作"椒盐肉排"时，则必须连肉带骨一起取出。

二、了解和熟悉原料的肌肉和骨骼组织结构

只有熟悉了解原料各部分肌肉和骨骼的组织结构情况，下刀时才能做到心中有数，不损坏原料形状。

三、提高原料出肉率

出肉必须刀刃紧贴骨骼操作，做到骨不带肉或尽可能少带肉，提高原料出肉率、利用率，尽量避免浪费。如活龙虾取肉，必须将刀刃紧贴虾壳，取下整块肉，做到内壳不带虾肉。

四、出肉加工的类型

（一）按原料性质分类

按原料性质出肉加工可分为生出和熟出两种。生出肉是将生原料直接进行出肉加工的方法。熟出肉是将已加热成熟的原料进行出肉加工的方法。熟出时半成品易散形，必须掌握好成熟度。

（二）按方法和要求分类

按出肉的方法和要求不同，分为一般出肉、分档出肉和整料出肉三种。

第二节　一般取料

一般出肉就是将体小、结构简单的原料进行骨（壳）与肉的分离，如鱼、虾、蟹、贝类等原料。这些原料的结构与家禽、家畜相比要简单得多。因此，在操作方法上较简单，操作难度较小。

一、一般鱼类的出肉加工

一般鱼类是指用于烹制菜肴的常用鱼类。鱼的出肉加工，分生出和熟出两种。生出，是指将宰杀后的鱼体去皮、去骨而取净肉的过程。熟出，是将煮、蒸熟的鱼体去骨、去皮而用净肉的方法。用于出肉的鱼，通常选择肉厚、刺少、体形较大的鲜活鱼类，如鳝鱼、草鱼、青鱼、鳜鱼、鲈鱼、石斑鱼、大黄鱼等。

（一）鳝鱼的出肉加工

鳝鱼的出肉加工有生出和熟出两种。生出肉加工的操作方法一种是将鳝鱼宰杀放尽血后，剖腹取出内脏洗净，用刀尖从尾部沿着骨骼批至头部，使骨骼的一面与肉分开，然后再从头部用反批的刀法将另一面批开，使骨与肉完全分开。另一种是将鳝鱼宰杀放尽血后，剖腹取出内脏洗净，先用剪刀从头部沿着骨骼将骨与肉分离

出一面，然后再从头部，用反批的刀法，将另一面批开，使骨与肉完全分开。

鳝鱼的熟出肉加工操作，是将烫死的鳝鱼进行"划鳝"。"划鳝"有划"双背"和"单背"之分。所谓划双背，就是将鳝鱼划成鱼腹一条、鱼背一条（即整个背部肌肉连成一片，中间不断开）。所谓单背，就是划成鱼腹一条、鱼背两条（即整个背部肌肉中间断开成两条）。

（二）鳜鱼的出肉加工

将宰杀洗净的鳜鱼，头部置于墩头左边，尾置于右边，腹部朝操作者。左手按着鱼头，右手持刀，用直刀法在鱼尾前 3～4 厘米处下刀，刀刃至鱼体中间脊椎骨处。放平刀面，用平刀批法沿脊椎骨从尾部批至鳃部，劈开鱼头，成雌雄两片鱼体（带椎骨的为雄片）。雌片去头、胸骨、皮即成净肉；雄片再片去脊椎骨、头、皮、胸骨即成净鱼肉。净鱼肉可用于切鱼片、丝、条、丁、末等形状。

熟出鱼肉的方法是将批成雌雄片（爿变为片）的鱼体去头、胸骨、脊椎骨后，用葱、姜、酒调味，上屉蒸到断生取出，用竹筷拨下鱼肉，去净小鱼刺、皮，肉质呈块状或蒜瓣状。熟鱼肉可制作一些风味特色菜，尤其适宜制作汤、羹菜，如"宋嫂鱼羹"、"酸辣鱼羹"等。

二、虾类的出肉加工

虾的品种较多，形状大小差别较大，有淡水虾、咸水虾（包括咸、淡水养殖虾）两大类。饭店常用的品种有大河虾、白虾、对虾、基围虾、大小龙虾、竹节虾等，出肉加工方法有挤、剥、剔三种手法。

（一）挤

挤一般用于体形较小的虾，方法是双手分别捏着虾的头尾，用力将虾肉从背壳缝隙处挤出。如用小河虾挤"虾仁"。

（二）剥

剥一般用于体形较大的虾。方法是先将虾头摘掉，再剥去虾壳，虾尾壳留否视菜肴要求而决定。如剥明虾"虾肉"制作"虾干"。

（三）剔

剔一般用于体形特大的虾，如龙虾，先用竹签从尾部刺入虾内放尿，再将竹签刺入虾脑至死，置于冰箱适当冷冻，取出后用刀紧贴虾壳内侧，将虾壳、肉分离即成。剔出的虾肉形大，可加工成片、丁、段、茸等形状。

三、蟹的出肉加工

用于出肉加工的蟹有海水蟹、淡水蟹两大类，品种较多，常用的有河蟹、青蟹、梭子蟹等。

出蟹肉也称剔蟹肉，是先将蟹蒸或煮熟，然后分别出蟹肉和蟹黄（蟹肉、蟹黄统称蟹粉）。出腿肉是将蟹腿取下，剪去一头，用擀杖在蟹腿上向剪开的方向滚压，把腿肉挤压出来。出螯肉是将蟹螯扳下，用刀劈开螯壳后，剥出螯肉。出蟹黄即应先剥去蟹脐，挖出小黄，再掀下蟹盖用竹签剔出蟹黄，红膏蟹则取出红膏。出身肉则是将掀下蟹盖的蟹身，先剖成四片，用竹签剔出肉。蟹粉可以作主料烹制菜肴，如炒蟹粉、蟹酿橙、清炖蟹粉狮子头，也可作特鲜配料使用。

四、贝类的出肉加工

（一）海螺的出肉加工

将海螺壳砸破，取出肉，摘去螺黄，取下厣，加食、醋搓去海螺头的黏液，洗净黑膜。用此法出肉，肉色洁白，但出肉率低，适用于爆、氽等烹调方法制作菜肴。另外一种出肉方法是将海螺洗净后，放入冷水锅内煮至螺肉离壳，用竹签将螺肉连黄挑出洗净，用此法出肉；螺肉色泽较差，但出肉率较高，适用于红烧等烹调方法制作菜肴。另外市场上出售的黄螺等类似海螺形状的贝类出肉加工方法基本同海螺。

（二）鲜鲍鱼的出肉加工

鲜鲍鱼为名贵海味，生净鲍鱼肉口味异常鲜美，可以片成片生吃，也可烹制成热菜。鲜鲍鱼的出肉较为简单，用薄利刀刀刃紧贴壳里层（鲍鱼为一面单壳），将肉与壳分离，去鱼肠洗净即成净鲍鱼肉。

（三）贻贝、蛏类的出肉加工

大多是洗净后，放入冷水锅内煮开，捞出将肉取出。也可采用生出的方法。

（四）牡蛎的出肉加工

牡蛎肉鲜嫩、味美，有生出和熟出两种方法。生出，是用一种专用工具，将牡蛎的一面壳掀掉，将肉取下，然后去净残壳。熟出，是将牡蛎带壳洗净，放入冷水锅中煮熟，将肉取下。熟出肉中无残壳、干净，但不及生出的鲜美。

第三节　分档取料

分档取料是把已经宰杀燀毛的整只家畜、家禽的胴体,按照烹调的不同要求,根据其肌肉、骨骼等组织的部位和质地不同进行分档取料。分档取料是出肉加工的一个重要组成部分,关系到菜肴的质量。

一、分档取料的意义和作用

分档取料是一项技术要求高、工艺相对复杂的工序,必须具备相关知识和操作技能。如果分档取料不正确,取料不合理,不仅会降低细加工的效果,还会影响烹调及整个成菜的色、香、味、形和成本。因此,在实际操作中,必须做到精料精用,大料大用,合理取用。分档取料的具体作用有以下几点:

（一）体现烹调特色,确保菜肴质量

烹调方法和菜肴风味特色不同,所取用的原料部位也不相同。如用猪肉烹制菜肴,分档出肉时,对烧、焖类菜肴（如东坡焖肉、干菜焖肉等）一般选用五花肋肉为佳;炒、爆类菜肴（如青椒里脊丝、蒜爆里脊花）则取用细嫩无筋的里脊肉或后腿瘦肉为好;而酱、卤、制馅则要选用上脑肉、夹心肉为宜,因为这些肉吸水性强,口感嫩滑,肥而不腻。因此,只有因菜取料、因料施烹,才能保证烹调特色和菜肴质量。

（二）保证原料的合理使用

家禽、家畜,往往体大肉多,且肉品质量随部位而异。部位不同,特性有别。因此,要根据其质量的差别,合理地将其配以各种适宜的烹调方法,才能物尽其用,不致浪费原料。如牛经过分档取料,牛肉里脊（又称牛柳）纤维细嫩,出肉后宜做滑、煎等嫩度极高的菜品（如尖椒牛柳、耗油牛肉）;取得的牛腱子肉,筋多质老,适宜用于炖、焖、卤、烧等较长时间加热的烹调方法（如卤水牛腱、花生炖牛腱）;而纤维粗老的牛腿肉仅适合于长时间烹调（两小时以上）加热至酥烂的烹调方法。因此,肉质的部位、特性不同,都有适宜的不同烹调方法。只有善于分档出肉,灵活运用,才能提高原料的使用价值,保证菜肴的风味特色。

二、分档出肉的步骤和方法

根据家畜的骨骼和肌肉特征,一般分成三大部分,即前腿部分、腹背部分和后腿部分。

（一）猪

猪肉的部位不同，其肉质相差也较大。在烹调中，只有按照各部位的性质及特点，选择适宜的烹调方法，才能烹制出符合要求的菜肴，猪的分档部位如图 3－1所示。

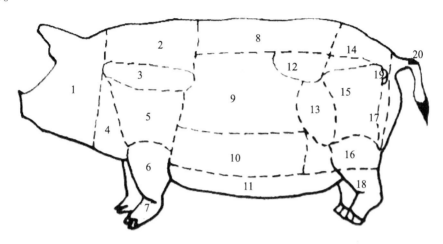

1—猪头；2—凤头肉；3—眉毛肉；4—槽头肉；5—前夹肉；6—前肘；7—前足；8—里脊肉；

9—正保肋肉；10—五花肉；11—奶脯肉；12—腰柳肉；13—秤砣肉；14—臀尖肉；

15—盖板肉；16—后肘；17—黄瓜肉；18—后足；19—门板肉；20—猪尾

图 3－1　猪的分档部位

1. 前腿

前腿部分包括：猪头、凤头肉、眉毛肉、槽头肉、前夹肉、前肘、前足。

（1）猪头。猪头包括上下牙颌、耳朵、上下嘴尖、印合、眼眶、核桃肉等。猪头肉皮厚、质老、胶质重。适用于凉拌、卤、腌、烟熏、酱腊等。

（2）凤头肉。凤头肉又称上脑。此处肉皮薄，微带脆性，瘦中夹肥，肉质较嫩。适用于做丁、片、碎肉等原料。可用于炒、滑、卤、蒸、烧或做汤。

（3）眉毛肉。眉毛肉是肩胛骨上面的一块重约500克的瘦肉；肉质与里脊肉相似，只是颜色深一些。用途与里脊肉相同。

（4）槽头肉。槽头肉又称颈肉。其肉质老、肥瘦不分。适于做包子、蒸饺馅或红烧、粉蒸等。

（5）前夹肉。前夹肉又称前腿肉。此部位肉半肥半瘦，肉质较老，色较红，筋多。适于切丁、片及剁碎肉等。可用于炸收、炒拌、卤、烧、腌、酱腊或烹制咸烧白、连锅汤等。

（6）前肘。前肘又称前蹄膀。皮厚、筋多、胶质重、瘦肉质好。适于凉拌、制汤、烧炖、煨、蒸等。

（7）前足。前足又称前蹄。只有皮、筋、骨骼，胶质重。后蹄质量较好。适于烧、炖、卤、煨、酱、制冻等烹调方法。

2. 腹背

腹背部分包括：里脊肉、正保肋肉、五花肉、奶脯肉。

（1）里脊肉。里脊肉又称扁担肉等。其肉质最细嫩，是猪肉中质地最好的肉。用途较广，宜切丁、片、丝及剁肉丸等。适于炒、熘、软炸、炸收、卤、腌、酱腊等烹调方法。

（2）正保肋肉。肉皮薄，有肥有瘦，肉质较好。适于蒸、卤、烧、煨、腌等，可烹制甜烧白、粉蒸肉、红烧肉等。

（3）五花肉。五花肉又分为硬肋、软肋，亦称硬五花、软五花。五花肉的特点是肥瘦肉间隔排列，共有五层。肉皮较薄，肥瘦相连，肉质一般。软五花最宜炖、焖、煨等烹调方法，成菜口感软糯、醇香鲜美、肥而不腻。

（4）奶脯肉。奶脯肉又称肚囊子、拖泥肉，位于猪腹底部，肉质差，肥多瘦少，呈泡泡状肥肉。一般皮制冻，肉可炼油。

3. 后腿

后腿部分包括：腰柳肉、秤砣肉、臀尖肉、盖板肉、后肘、黄瓜条、后足、门板肉、猪尾。

（1）腰柳肉。腰柳肉与秤砣肉连接的长条状一头粗一头细的肉。肉质极为细嫩，水分较重，有明显的肌纤维。宜于切丁、条及剁肉丸等。适于爆、熘、炒、炸等烹调方法或做汤菜。

（2）秤砣肉。秤砣肉又称弹子肉。在门板肉上，其肉质细嫩、筋少、肌纤维短。宜于切丝、丁、片及剁肉丸等。适于炒、熘、爆等烹调方法。

（3）臀尖肉。肉质嫩，肥多瘦少。适于凉拌、卤、腌或做汤菜，可烹制"回锅肉"等。

（4）盖板肉。连接秤砣肉的一块瘦肉，其肉质与秤砣肉相同。用途与秤砣肉相同。

（5）后肘。后肘又称后蹄膀。质量较前肘差。用途与前肘相同。

（6）黄瓜条。在门板肉的皮下脂肪处，呈长圆形，似黄瓜，质地细嫩。适宜熘、炒等，用途与秤砣肉相同。

（7）后足。后足又称后蹄。质量较前蹄差。用途与前蹄相同。

（8）门板肉。门板肉又称梭板肉、坐臀肉。其肥瘦相连，肉质细嫩，色白，肌纤维长。用途同里脊肉。川菜名菜"回锅肉"的原料就首选坐臀肉。

（9）猪尾。猪尾皮多，脂肪少，胶质差，适于烧、卤、凉拌等。

（二）牛

牛的全身骨骼及各部位分布如图3-2所示。

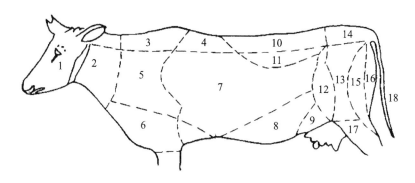

1—牛头；2—脖头；3—短脑；4—上脑；5—前腿；6—胸口；7—肋条；
8—弓扣；9—膈窝；10—外脊；11—里脊；12—郎头肉；13—底板；
14—米龙；15—黄瓜肉；16—仔盖；17—前后腱子肉；18—牛尾

图3-2　牛的分档部位

1. 牛头

牛头肉少、皮多、骨头多，有瘦无肥，其中以核桃肉部位最嫩，适宜卤、酱、烧等烹调方法。

2. 脖头

脖头又称颈肉、牛脖子肉。瘦肉较多，含油少，纤维粗紧，质较差。适宜卤、煮、酱、炖、烧等烹调方法。也可用于制馅，吸水性强。

3. 短脑

短脑位于颈脖的上方，其肉质与用途同脖头。

4. 上脑

上脑位于牛脊背的前部，靠近后脑，其肉质肥嫩，质量较好，可加工成片、条等形状。适宜烤、炒、烹、爆等烹调方法。

5. 前腿

前腿位于颈肉后部，短脑和上脑的下部，前腱子上部。肉块不成形，有夹筋，肉质较老，适于烧、煮、酱、卤、制馅等烹调方法。

6. 胸口

胸口又称胸膈，是位于牛的两腿中间部位的肉。其肉质坚实，肥而不腻。适宜加工成片、条等形状，适合熘、熟炒、红烧等方法。

7. 肋条

肋条又称腑肋，位于胸口后上方，与前腿相连，相当于猪的五花肋肉，油肉层生，肥瘦相间。适合于烧、炖、焖、煨等烹调方法。

8. 弓扣

弓扣又称腹脯，位于肋条后下方。其肉质筋多肉少，韧性大，弹性强，煮熟后润滑柔软，最适宜烧、炖、焖等烹调方法烹制。

9. 腩窝

腩窝是位于两后腿中间相夹的肉，其肉质与用途基本同弓肉。

10. 外脊

外脊又称脊背，为位于牛脊背两外侧的肌肉，是上脑后、米龙前的条肉。其肉质松而肥嫩，肌纤维呈斜长状，可加工成丝、丁、条、片、段等形状，适宜用熘、炒、爆、烹、汆等烹调方法烹制。

11. 里脊

里脊又称牛柳肉，为牛肌肉中最嫩的部位，占牛体肌肉的比例很小，两条里脊约重 2 千克。可加工成片、条、段、丝等，采用煎、扒、炸、炒、熘等方法烹制。

12. 郎头肉

郎头肉又称元宝肉、和尚头。位于底板肉前方，与里脊肉相连接，相当于猪的秤砣肉。其肉质较嫩，肌纤维长短适中，是切丝的上乘原料，也宜加工成片、丁、条、段等形状。适宜用烹、扒、煎、烤、炸、爆等烹调方法烹制。

13. 底板

底板又称里仔盖，位于米龙的下方，与郎头肉和黄瓜肉左右相连，相当于猪的门板肉，此肉上半部的肉质较嫩，下半部的肉质坚韧，纤维紧密。宜加工成片、条、段、丁等，适合用炸、烹、扒、炒、熘等烹调方法烹制。

14. 米龙

米龙位于牛尾根部。前接外脊，相当于猪的臀尖，肉质较嫩，表层有肥膘，可加工成丝、片、丁、条等。适宜用爆、炒等方法烹制。

15. 黄瓜肉

黄瓜肉与底板和仔盖肉左右相连，其肉质、用途基本同于底板。

16. 仔盖

仔盖位于尾巴根部，后腱子上面，与黄瓜肉相联结，肉质较嫩，肌纤维较长，可加工成丁、片、条、段等，适合用熘、炒、烹、爆、炸等烹调方法。

17. 前后腱子肉

前后腱子肉位于腿部，肉中包筋，筋里藏肉，层次分明。前腱子肉较老，后腱子肉较嫩。烹调宜用卤、酱、煮等方法，咀嚼之香味浓郁。

18. 牛尾

牛尾肉质较精、口味肥美，是炖、煨、制汤的上佳原料。

（三）羊

羊的肌肉部位分布如图 3－3 所示。

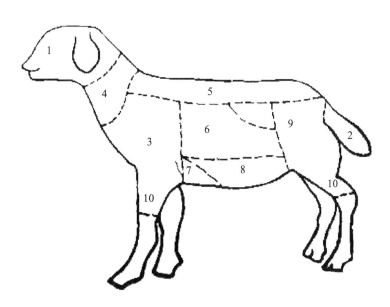

1—羊头；2—羊尾；3—前腿；4—颈肉；5—脊背；6—肋条；

7—胸脯；8—奶脯；9—后腿；10—前后腱子

图 3－3　羊的分档部位

1. 羊头

羊头皮多肉少，一般用卤、酱、煮等烹调方法烹制。

2. 羊尾

不同品种的羊，其尾的质量有较大的差异。如绵羊尾多油、肥嫩，适合用炸、爆、炒等烹调方法。山羊尾皮多，肥而腻，适合用烧、卤、酱、煨汤等烹调方法。

3. 前腿

前腿位于颈部之后，前胸和前腱子的上部。此肉脆嫩，肥多瘦少，肉中无筋，适合用炖、烧、酱、煮等烹调方法。

4. 颈肉

颈肉又称脖头，肉质较老，肉中夹有细筋，适宜制馅，可用炖、卤、烧、煮等方法烹制。

5. 脊背

脊背包括里脊肉和外脊肉等。外脊肉俗称扁担肉，位于脊椎骨两边，长而扁，肌纤维细且长短适中，可加工成丝、片、丁、条等形状，适合炸、煎、炒、熘等烹调方法。

6. 肋条

肋条又称方肉、羊肋，位于肋骨部位，无筋，外附一层薄膜，肥瘦兼有，肉质较嫩，适宜用涮、爆、扒、炒等方法烹制。

7. 胸脯

胸脯包括胸脯肉和腰窝肉。胸脯肉位于前胸，肉质肥多瘦少，无皮筋，较嫩脆，肉质较好，适合用爆、炒、扒、烧、焖等烹调方法。腰窝肉位于腹部肋骨后近腰处，肉内夹有三层筋膜，肉质老、质量差，适合用卤、酱、炖等烹调方法。

8. 后腿

后腿肉比前腿多而嫩，用途较广，其中位于羊的臀尖的肉，亦称大三叉，肉质肥瘦各半，上部有一层夹筋，去筋后都是嫩肉，可代替里脊肉使用。臀尖下面位于两腿档相磨处，称磨档肉，形似碗状，肉质粗而松，肥多瘦少，边上稍有薄筋，质量较差，适合用炸、烤、炒、爆等烹调方法。与磨档肉相连的是"黄瓜肉"，肉色淡红，纤维细嫩，在腿前端与腰窝肉相近处；有一块圆形的肉，肌纤维细紧，肉外有三层夹筋，肉质瘦而嫩，称元宝肉。以上部位的肉，均可代替里脊肉使用。

9. 前腱子

前腱子肉老而脆，肌纤维短，肉中夹筋，适合用酱、卤、炖等烹调方法烹制。

10. 后腱子

后腱子其肉质和烹调方法与前腱子相同。

第四节　整料出骨

为了烹制出用料精细，造型美观、口味、质感上乘的菜肴，经常要将鸡、鸭、鱼等整只或整条的原料进行整料出骨。整料出骨就是指将整只原料中的全部骨骼或主要骨骼剔出，而仍保持原料原有完整形态的一种出肉方法。

一、整料出肉的意义和作用

原料经过整料出肉后不仅易于入味，便于食用，还可在去掉骨骼的空处填入其他原料，既有利于营养素的互补，又可使菜肴造型美观，制成有工艺性的精美菜肴，如八宝鸡鸭等。

（一）使原料易于成熟入味

整形原料含有较多骨骼，烹调时往往对热的传递和调味品的渗透起着一定的阻碍作用，特别是在原料腹内填酿进其他原料，成熟速度更慢，入味也不容易。剔除骨骼后，主料、填料容易入味，成熟速度也较快。

（二）有利于营养成分的互补

原料经去骨后，在其腹腔内或空隙处，填入其他多种原料，如香菇、冬笋、火腿、干贝、鱼翅、海参、薏仁、芡实等。因此，不仅增加了菜肴美味，而且又增补了营养成分。

（三）使菜肴造型美观、食用方便

经整料出骨的鸡、鸭、鱼等原料，由于去掉了坚硬的骨骼，使其成为较柔软的肉体，便于再塑造成其他形状，制作精美菜肴，如葫芦鸭、金牛鸭、双皮刀鱼、三鲜脱骨鱼等，成菜后无骨骼，食用方便。

二、整料出肉的要求

整料出肉后，要求原料形状完整，在选料和操作技术上要求较高，难度较大。所以必须做到以下几点：

（一）选料必须精细、恰当

作为整料出骨的原料，必须注重质地，选用多肉而大小、老嫩适宜的原料。如鸡应选用生长约一年尚未生蛋的母鸡；鸭应选用生长八个月左右，约 1500 克重的肥母鸭，这种母鸡、母鸭质地老嫩合适，皮质弹性、韧性较好，剔骨时不易散碎、破裂，成菜口味、质感较上乘。鱼类也应选用 500～700 克重，并新鲜度高、肉质肥厚的黄鱼、鳜鱼、石斑鱼、鲈鱼等。

（二）要求初步加工符合条件

凡选择好的用于出骨的整只原料，都须先经宰杀，进行初加工。初加工必须符

合一定要求。

（1）鸡、鸭等宰杀时必须放尽血液，否则肉质、皮色发红，影响成菜质量。

（2）禽类宰杀后，烫毛的水温要适宜，同时掌握好浸烫时间，以免皮裂，造成脱骨困难。

（3）整只原料出骨，均不剖腹取内脏。整只原料出骨时，鸡、鸭可随着躯干骨骼一起拉出内脏；鱼可在取下脊椎骨后挖出内脏，或先经挖鳃后，从鳃孔处拉出内脏，再行出骨。

（三）出骨下刀准确，不破损外皮

出骨时应熟悉其各部位的结构状况及部位特征，刀路准确，刀刃紧贴骨骼进行，做到骨不带肉，不破损外皮。

三、整料出骨的方法

（一）鸡、鸭的整料出骨

整鸡、鸭的出骨技术，复杂精细。鸡、鸭的形体结构相似，出骨方法也基本相同，一般可分为以下几个步骤：

1. 划破颈皮，斩断颈骨

先在宰杀洗净的鸡颈部两肩相夹处的鸡皮上，割6~8厘米长的刀口；从刀口处把颈皮掰开，将颈骨拉出，在靠近鸡头的宰杀口处将颈骨斩断，注意刀口不可碰破颈皮。也可先在鸡头宰杀的刀口处割断颈骨，再从6~8厘米的割口中拉出颈骨。

2. 出翅膀骨

从肩部的刀口处将皮肉翻开，使鸡头朝下，再将左边翅膀一面，连皮带肉缓缓向下翻剥，剥至臂膀骨关节露出，把关节上的筋割断，使翅膀骨与鸡身脱离。同样方法将右边的翅膀骨关节割断，然后分别将翅膀的第一节骨抽出斩断即可。

3. 出躯干骨

把鸡竖放，将背部的皮肉外翻剥离至胸至脊背中部后，又将胸部的皮肉外翻剥离直至胸骨露出，然后把鸡身皮肉一起外翻剥直至双侧腿骨处，用右手将大腿掰至与鸡身骨脱离，分别将两腿骨向背后部掰开，露出股骨关节，将筋割断，使两侧腿骨脱离鸡身，再继续向下翻剥，直剥至肛门处，把尾椎骨割断，鸡尾应连接在皮肉上（不要割破鸡尾上的皮肉）。这时鸡躯干骨骼已与皮肉分离，随即将肛门上的直肠割断，洗净肛门处。

4. 出鸡腿骨

将一侧大腿骨的皮肉翻下一些，使大腿骨（股骨）关节外露，用刀沿关节绕割一周断筋，抽出大腿骨至膝关节（膑骨）时割断，再在靠近鸡足骨处绕割一周断筋，将小腿皮肉向下翻，抽出小腿骨斩断。小腿骨也可以不抽出。

5. 翻转鸡皮

鸡的骨骼出净后，仍将鸡皮翻转，鸡肉在内，在形态上仍为一只完整的鸡。

（二）鱼的整料去骨

1. 不开口式整鱼去骨

出骨时需用一把长约30厘米、宽2厘米的宝剑形专用刀。两侧的刀刃只需长度的1/4，也不要过分锋利。出骨前将鱼去鳞、鳃，洗净，擦干水，放在砧板上，掀起鳃盖，把脊骨斩断（切勿把肉和皮斩断），再将鱼尾处的脊骨斩断（脐门处），不要把鱼尾断下。然后左手按住鱼身，右手持刀将鳃盖掀起，沿脊骨的面推进，后平批向腹部，这样慢慢向尾部延伸，直至脐门处。至两面鱼骨完全脱离鱼肉后，即可把脊骨和胸骨抽出。

2. 小开口式（鳃颈处出骨）

这种方法较前者方便简单，但在鱼体表面暴露出了刀口。其方法是分别在鳃颈和脐门处各一侧划一刀，并斩断脊骨，然后用上述刀具，分别在两刀口进刀，将骨与肉分离，再从鳃颈刀口处抽出鱼骨即成。此法在江苏地区使用较为普遍。

3. 大开口式（脊背处去骨）

出脊椎骨是将鱼头向外，脊背向右，鱼腹靠左手平放在砧板上，左手按住鱼腹，右手持刀自鱼的脊背处片进去，从鳃脊片至鱼尾部，一直片成一条刀缝。左手向后一拉，裂缝张大，贴胸骨（刺）继续片过脊椎骨，将脊椎骨从胸骨连接处割断。同样方法将另一侧的脊椎骨与胸骨割断，又将靠近鱼头和鱼尾处的脊椎骨斩断取出，但要求鱼头、尾仍与两侧的鱼肉相连。

出胸肋骨是将鱼头朝外，仍然是鱼腹靠左手，鱼背靠右手，鱼身平放在砧板上。翻开鱼肉，使胸骨露出根端，将刀略斜，紧贴胸骨往里片进去，使胸骨（鱼刺）脱离鱼肉。同样方法将另一侧胸骨片去后，再将鱼身合起，仍然保持鱼的完整形态。

思考与练习

1. 出肉加工有何意义？其基本要求是什么？

2. 何谓分档取肉？叙述鸡、猪、牛、羊各部位名称、质地和用途。

3. 何谓整料取肉？整料取肉有哪些要求？

4. 整鱼去骨的方法有哪几种？

第四章　干货原料的涨发

学习目标

1. 熟悉原料的性质和产地
2. 掌握干货原料涨发的方法

干货原料也称干料，是鲜活的烹饪原料经过加工干制而成的一类烹饪原料。干货原料一般采用阳光晒干、自然风干、以火烘干、石灰焗干或盐腌等方法脱水干制而成。干货原料具有便于储存、运输方便、别有风味的特点。与鲜活原料相比，干货质地干、硬、老、韧，在烹调前必须经过一定的加工处理，这个处理过程称为干货原料的涨发，简称"发料"。

第一节　干货原料涨发的目的与涨发要求

一、干货原料涨发的目的

干货原料涨发可以使脱水后干硬的原料重新吸收水分，最大限度地恢复原有的松软状态，还可以去掉原料中的杂质和腥臊气味。这样既便于切配烹调，又合乎人们的食用要求，利于人体的消化吸收。

二、干货原料涨发的一般要求

干货原料涨发是一项技术性较强的工作，工艺较为复杂，涨发后原料的质量对菜肴的色、香、味、形、质起着决定性的作用。

（一）熟悉原料的性质和产地

干货原料品种繁多，有野生的，也有人工培育的，产地多而分散。因产地气候、土壤、水质等自然条件和生态环境的不同，原料干制方法的不同，即使同一品种的原料，质量和性质也有很大差异。如灰参和大乌参同是海参中的佳品，但因它们的性质不同，所采用的涨发方法也不同。灰参一般采用水发的方法，大乌参则因其皮厚坚硬需先用火发后，再用水发的方法。如不了解原料的性质，则会影响涨发效果。再如同是粉丝，安徽产的粉丝因为是用甘薯制成的，色泽较差而且久泡易糊，而河北、山东等地产的粉丝用绿豆制成，色泽洁白透明，久泡不糊。可见，只有熟悉原料的性质及其产地，才能在干货原料涨发中采用适当的方法，既充分利用原料，又保证菜肴质量的良好效果。

（二）能鉴别原料的质量和性能

各种原料因产地、季节、加工方法不同，在质量上有优、劣等级之分，在质地上也有老、嫩、干、硬之别。准确地判断原料的等级（是否受潮、霉烂变质，有无虫蛀），正确地鉴别原料的质地，是干货原料涨发成败的关键之一。如鱼翅，由于干制方法不同，而分为淡水翅和咸水翅。淡水翅是先用清水浸泡鲨鱼的鱼鳍，然后用日光晒干而成，其质地坚硬干燥，质量好。咸水翅是用盐水浸渍后晒干而成的，因含盐分而易潮软，质量较差。这两种鱼翅在涨发时就不能同等对待。再比如，同是海参，有的嫩，有的老，只有正确鉴别其老嫩，才能适当掌握涨发的方法及时间，以保证涨发的质量。

（三）掌握涨发技术，认真对待涨发过程中的每一环节

干货原料的涨发，除应根据原料的品种、性质、产地和质量，因料制宜地选择相应的发料方法外，还必须熟悉和掌握各项涨发技术，认真对待涨发过程中的每一个环节。干货涨发前的初步整理、涨发、涨发后处理三个步骤。每个步骤的要求、目的都不同，而它们又相互联系，相互影响，相辅相成，无论哪一环节失误都会影响涨发效果。

第二节　干货原料涨发的主要方法及实例

干货涨发主要有还原性涨发和蓬松性涨发两大类型。具体涨发方法主要有水发、油发、盐发、碱发、火发等，其中以水发、油发为常用。

一、水发的涨发方法及实例

水发是将干货原料放入水中，利用水对干货原料毛细管的浸润作用，使其充分吸

水，成为松软嫩滑原料的一种发料方法。水发是一种最基本、最广泛使用的发料方法，即使采用油发、碱发、火发、盐发等涨发的原料，也都必须经过水发的过程。

水发按水温的不同可分为冷水发和热水发两大类。

（一）冷水发

将干货原料放在冷水中，使其自然吸收水分，尽可能恢复新鲜时的软、嫩状态，这种发料方法即是冷水发。冷水发基本能保持原料的鲜味和香味，并且操作简单方便。冷水发一般有浸发和漂发两种操作方法。

1. 浸发

浸发是把干货原料浸入在冷水中，使其慢慢吸水涨发。涨发的时间应根据原料的大小、老嫩和松软、坚硬的程度而定。形小、质嫩的原料浸发的时间要短一些；形大、质硬的原料浸发的时间要长一些。有的因浸发时间长而水质混浊，浸发过程中还需多次换水。浸发一般适用于形小、质嫩的原料，如香菇、川荪、黑木耳、金针菜（黄花菜）、海带、海蜇等原料。浸发还常用于配合或辅助其他发料方法涨发原料。如质地干老、肉厚皮硬的海参在用热水发料前，要先在冷水中浸泡回软后再加热；腥臊气味重或经碱发、盐发和油发后的原料，经洗涤后还有腥味或碱、盐等成分，也要再用冷水浸泡，以除尽异味和其他成分，或使其吸水回软。

2. 漂发

漂发是把干货原料放在冷水中，用手不断挤捏或用工具使其漂动，将附在原料上的泥沙、杂质、异味等漂洗干净。

实例 1　香菇的涨发

操作过程：浸发——去根——洗净

将香菇浸泡在冷水中，待其涨发回软，内无硬茬时，剪去香菇根蒂，洗去泥沙杂质即可。涨发香菇时，尽可能不用开水泡发，以免香菇特有的鲜、香气味流失。现在行业中经常用鸡油和葱、姜蒸发香菇。它的涨发率为 250% ~ 300%。

实例 2　黑木耳的涨发

操作过程：浸发——去根——去杂质——洗净

将黑木耳浸泡在冷水中，浸泡数小时，待其膨胀发软后摘去根部，去除杂质，用水反复冲洗，直至无泥沙即可。黑木耳的涨发率为 950% ~ 1200%。

（二）热水发

将干货原料放在热水中，用各种加热方法，促使干料体内分子加速运动，加快吸收水分，这种发料方法称为热水发。干货原料中的绝大部分动物性原料、山珍海味以及部分植物性原料都要经过热水涨发。由于干货原料的品种不同，发料时要根据原料的性质，采用各种不同的水温和形式。

热水发主要有泡发、煮发、焖发、蒸发四种操作方法。

1. 泡发

泡发就是将干货原料放在热水中浸泡，不再继续加热，使原料慢慢涨发泡大的一种发料方法。泡发适用于体积较小，质地较嫩的干货原料，如粉丝、腐竹、发菜、银鱼等。一些适用于冷水浸发的干料，如木耳、金针菜等在冬季或急用时也可采用热水泡发的方法，以加快其涨发速度。

实例3　海蜇皮的涨发

操作过程：浸发——去黑衣——漂洗

先用冷水将海蜇皮浸发一天后捞出，用手或用小刀刮去血筋黑膜后，放入水中边冲边洗，用手捏擦，直至沙粒去净。再放至清水中浸泡一定时间，要经常换水，直至漂去盐分及矾，涨发至脆嫩状态时即可使用。

实例4　发菜的涨发

操作过程：泡发——漂洗

将发菜放入沸水中浸泡，待发菜膨胀松软后，倒入网筛内边漂边洗，除去杂草、硬梗等杂质后滴入豆油数滴，用手轻轻挤捏，洗净即可。发菜的涨发率是800％左右。

实例5　口蘑的涨发

操作过程：泡发——洗涤——浸泡

将口蘑放入温水中浸泡半小时，至初步回软后取出（原汤滤去沉淀物后备用）。再将口蘑剪去根部，刷洗去泥沙、杂质，用清水洗净后，再放入原汤内浸泡回软即可使用。在用温水浸泡时，水不能太多，否则会影响原料的鲜味。口蘑的涨发率为300％～500％。

2. 煮发

煮发是将干货原料放在水中，加热煮沸，使之涨发回软的一种发料方法。煮发适用于体大质硬，不容易吸水涨发的干料，如玉兰笋、海参、鱼翅、鱼皮、鲍鱼等。

实例 6　玉兰笋的涨发

操作过程：泡发——煮——浸发——煮发——浸发

先将玉兰笋用沸水浸泡 10 小时左右，放入冷水锅煮开，再改用小火煮十几分钟后取出。然后用淘米水浸泡 10 小时，将玉兰笋用清水洗涤干净，再放入冷水锅中煮十几分钟。如此反复数次，直到笋的色泽洁白、质地脆嫩、完全涨发后取出，浸泡在清水中备用。

操作要领：煮发玉兰笋时不要用铁锅，以防原料发黑；在煮发的过程中应随时将发好的笋挑出，以防涨发过度（玉兰笋用刀割开没有白茬时即为发透）；用淘米水浸泡可使笋色泽白净。玉兰笋的涨发率为 700% ~ 800%

3. 焖发

焖发是将干货原料放入锅中煮发到一定程度时，改用微火或将锅端离火源焖一定时间，以达到原料内外同时全部发透的一种发料方法。焖发实际上是煮发的后续过程，如海参、熊掌等原料都采用煮发到一定程度时，再改用焖发的方法，以防止原料外层皮开肉烂，而内部仍未发透。

实例 7　水发海参（明玉参、秃参、黄玉参等海参都采用水发的方法）

操作过程：浸发——煮——剖腹洗涤——煮发——焖发——浸发

将海参放入清水中浸泡 12 ~ 24 小时后，放入冷水锅中煮沸，然后离火焖至水温冷却，即可剖腹去肠，然后洗净，再用清水煮沸，再离火焖至水温冷却。如此反复煮焖，直至海参软糯富有弹性，即可捞出，再漂洗干净后，放入清水中浸泡备用。

操作要领：海参涨发时所用的盛器和水，不能沾有油、碱、盐等物质。因油和碱会腐蚀渗透使海参溶化，而盐会使蛋白质凝固造成海参发僵发硬不能发透；海参剖腹去肠时，注意不可碰破腹膜，以保持原料的完整；在涨发过程中应勤换水、多检查，随时将已发透的原料捞出，以防嫩海参涨发过度而发烂破碎。海参的涨发率为 400% ~ 600%。

实例 8　水发鲍鱼

操作过程：浸泡——煮发——焖发

将鲍鱼用温水浸泡 12 小时后，刷去污垢，洗净，然后放入冷水锅中煮沸，再改用微火焖 4 ~ 5 小时，直至内外全部发透（用手捏无硬心为好）。鲍鱼的涨发率为 200% ~ 400%。

4. 蒸发

蒸发是将干货原料放入适量的清水或汤水中，利用蒸汽的对流作用使原料涨发的一种发料方法。这种方法适用于形状较小、易碎而不适宜煮、焖发的干料；或经煮焖后仍不能发透，而再继续煮焖又无法保持原料特定形态和风味的干料。蒸发能保持原料的特色风味和特定形态，如在蒸发时加入辅料或调味料，还可增进原料的鲜美滋味。

实例9　乌鱼蛋的涨发

操作过程：洗涤——蒸发

用冷水洗净将乌鱼蛋放入锅中，加入冷水，慢火煮1~2小时，或放在盛器中加水蒸1~2小时，即可发透。取出剥去外皮，用手掰成片状，放入清水中浸泡备用。乌鱼蛋的涨发率为150%~250%。

实例10　干贝的涨发

操作过程：洗涤——蒸发

用冷水洗净干贝外表的灰砂，除去老筋后放入盛器中。加葱、姜、酒和清水（以浸入干贝为准），上笼蒸1~2小时，直至用手捻搓成细丝状时，即可取下使用。干贝的涨发率为150%~250%。

实例11　莲子的涨发

操作过程：去皮——去心——蒸酥

将莲子倒入碱开水溶液中（每千克莲子放25克碱面），立即用硬竹刷在水中搅搓冲刷，待水变红时再换水，约刷3~4遍。待莲子皮已全部脱落，呈乳白色时捞出，用清水洗净，滤干水分后削去两端莲脐，用竹签捅去莲心，上笼蒸酥即可使用。

操作要领：去皮前要准备好足量的开水，搓刷换水动作要快，不能太用力，以防莲子变色，搓不净皮，或出现裂缝和破瓣现象；蒸发过程中，火不宜过大，适当掌握蒸发的时间，做到酥而不烂，以保持原料外形的完整；莲子蒸发时，一般不可放糖或盐，以防莲子僵硬。莲子的涨发率为200%~300%。

热水发料是一种广泛使用的发料方法。热水发料应根据原料的性质、品种采用不同的水温和涨发形式。可采取一次发料的形式，也可采用多次反复或不同的操作形式。由于干货原料经过热水发已成为半熟或全熟的半成品，再经过切配和烹调即可制成菜肴，因此热水发料对菜肴质量关系甚大。如果原料涨发过度，制成的菜肴软烂，甚至破碎，形态不美；如果涨发不透，制成的菜肴则僵硬，甚至无法食用。总之，必须根据原料的不同品种、性质以及烹调要求，分别运用不同的发料方法，并掌握好发料的时间、火候，从而获得较好的发料效果。

实例 12　鱼翅的涨发

操作过程：泡发——煮发（熄沙）——焖发

鱼翅是较名贵的干货原料，其涨发方法只能采用水发。一般要经过泡、煮、焖、漂等操作过程，由于各种鱼翅有老嫩、厚薄之分，所以在涨发时，手续繁简，火候大小等方面有些区别。

（1）凡翅板厚大，质干、翅粗的鱼翅，其涨发方法为：先将鱼翅放入不锈钢桶内，沸水淹没鱼翅，用小火焖煮，保持沸而不腾（勿用大火，防止翅面破裂），待沙面龟裂，即可离火熄沙。可用小刀刮或用丝瓜筋揩抹，熄去翅身上的沙质，除尽翅根并洗净。再分装竹篮内，上面用盖盖紧（避免水沸时翅被破碎成散翅），放入冷水锅煮沸，用小火焖 4~6 小时后连水一起倒入不锈钢桶内，待水温不烫手时即可出骨，去净腐肉，洗漂干净。然后再用水煮焖 4 小时后，清水浸漂 1 天左右（中间换 2 次清水，以去腥味），即可使用。

（2）凡翅板不厚，但沙质坚硬、皮又较薄的鱼翅，其涨发方法为：先剪去翅边，再将鱼翅放入锅内煮沸，煮至翅身回缩，即连水一起倒入桶内焖，焖至水温不烫手时，即可熄沙；除净翅根并洗净后，分装竹篮内，上面用盖盖紧，再放入冷水锅煮沸，用小火焖 3~4 小时，离火焖约 4 小时能以去掉骨去净腐肉，浸漂 1 天左右，即可使用。

（3）凡质软皮薄沙粒易除的鱼翅，其涨发方法为：将鱼翅放入不锈钢桶内，倒入 50℃~60℃ 的温水淹没鱼翅，泡焖 4~8 小时（夏天短一些，冬天长一些）即可熄沙；洗净后再分装竹篮内，上面用盖盖紧，用小火煮焖 4 小时左右捞出，去骨后在清水中浸漂半天，即可使用。

（4）净翅因在加工时已涨发过一次，沙粒已去净，粗长质老的鱼翅则可采用冷水锅煮焖 4 小时左右（中间应换一次水），细短质嫩的则只需煮焖 2 小时左右，再放入清水中漂 2 小时即可使用。

（5）散翅的涨发方法是：先用温水将翅泡软，再用开水泡发几次后去掉黑针翅和其他杂质，用清水漂洗净后即可使用。

操作要领：应用不锈锅器具涨发鱼翅，否则鱼翅易产生黄色斑点，影响质量；

鱼翅要按大小、老嫩分开，以免老的未发透、嫩的已发烂；涨发过程中，水和盛器不能沾有矾、盐、碱、酸等物质，否则影响色泽及涨发效果；操作要细心，不能碰破翅身。鱼翅的涨发率为150%～200%。

二、碱发的涨发方法及实例

碱发是一种特殊的发料方法，与水发有密切的联系。碱发是将干货原料先用清水浸泡，然后放入碱溶液中，或沾上碱面，利用碱的脱脂和腐蚀作用，使干货原料膨胀松软的一种发料方法，如鱿鱼、墨鱼等干货原料用碱发最为适宜。碱发有碱水发和碱面发两种。

（一）碱水发

碱水发是将经过清水浸软的干货原料，放入碱溶液里浸泡一定时间，使其涨发回软，再用清水漂浸，清除体内碱质的一种发料方法。碱溶液可分烧碱溶液和石灰碱水两种。碱发500克干鱿鱼用50克烧碱调匀即为烧碱溶液。用烧碱涨发后的原料无黏滑感觉且涨发速度较快。

碱发500克干鱿鱼用150克食碱、50克石灰和1.5千克热水，将食碱、石灰、热水搅匀待冷即为石灰碱水溶液。

实例13　碱水发鱿鱼

操作过程：浸发——碱水发——漂洗

将干鱿鱼放在清水中浸软（夏天2小时左右，冬天5小时左右）后捞出，然后放入配制好的碱溶液中浸泡（夏天30分钟左右，冬天2小时左右）后取出，放入清水中浸泡，并不断更换清水，直至鱿鱼色泽微红略带肉色，鱼体增厚，富有弹性，呈半透明状即可使用。

鱿鱼的涨发率为500%～600%，鱿鱼涨发后36小时要产生回缩现象。

（二）碱面发

碱面发就是将在清水中浸泡回软的干货原料剞上花刀，切成块后沾满碱面，使用前再用开水冲烫，待其成型后，再用清水漂洗净的一种发料方法。碱面发的优点是沾有碱面的原料可存放较长时间，随用随发，用多少发多少，涨发方便。

实例14　碱面发鱿鱼

操作过程：浸发——剞花刀——沾碱粉——沸水泡发——漂洗

将干鱿鱼用温水或冷水浸软后，去头、去边翼、去软骨，并按菜肴的要求剞上花刀，切成长方形小块。然后将鱿鱼的头、块、边翼全部沾满碱粉，放在盛器内，冲入沸水，加盖焖至鱿鱼卷曲成型，然后取出用冷水反复漂洗，除去碱分即可使用。

碱发是一种特殊的发料方法，与水发相比，用碱发可以缩短干货原料的涨发时间，但也使原料的部分营养和肉质受到损失。因此在碱发过程中应掌握以下几点：

（1）在原料放入碱或碱水之前应用清水浸泡回软，这样可以缓解碱对原料的直接腐蚀。

（2）应根据原料的性质和季节的变化适当调整碱溶液的浓度和发料的时间。碱溶液的浓度应视原料的老嫩而定；浓度过稀，原料发不透；过浓则破坏了原料的组织成分。发料的时间夏天应短一些，冬天应长一些；嫩的应短一些，老的长一些。

（3）碱发后的原料要用清水漂洗，以消除碱分和腥味。

三、油发的涨发方法及实例

油发是把干货原料放入多量的油中加热，使之膨胀松脆，成为全熟半成品的一种发料方法。

油发的涨发原理与水发有所不同，水发是利用水的浸润作用，使干货原料重新恢复软嫩状态的，油发则是利用油的传热作用，使干货原料中所含的少量水分蒸发，分子颗粒膨胀，并使原料本身所含的一部分油脂排除出去，而达到膨胀的目的。这种方法适用于含胶原蛋白质丰富、结缔组织多的干货原料，如蹄筋、干肉皮、鱼肚等。

实例 15 油发蹄筋

操作过程：备发——油发——碱水洗——清水漂洗

蹄筋以黄亮透明者为佳。先用热水洗，晾干后放入 60℃ 左右多量的油中浸炸 1~2 小时。待蹄筋出现气泡时，再将油温逐渐升高至 160℃ 左右，用漏勺不断地翻拨，并按入油内约 5 分钟，待油面微冒气泡，蹄筋用手一捏就断，完全膨胀饱满松脆时取出。在涨发中必须随时将已发透的蹄筋取出，避免已发透的原料继续加热，影响色泽和质感。将发好的蹄筋放入温水内，稍加些食碱，洗去油质，再换清水漂洗，除去附在蹄筋上的残肉和杂物，然后浸在清水中备用。蹄筋的涨发率为500% ~600%。

干肉皮、鱼肚的涨发方法与蹄筋基本相同。油发干货原料，必须掌握以下几个要点：

（1）潮湿的原料要先烘干，否则不容易发透。变质或有异味的原料则不宜采用，因为油发后的干货原料即成为全熟原料，如有异味或已变质，将直接影响菜肴的质量，同时也不利于人体健康。

（2）油发干货原料时要用凉油，待油温到60℃（二三成油温）时下料并逐渐加热。如果下锅时油温过高或加热过程中火力太旺，就会造成原料外面焦化而里面还没有发透的现象。所以在油发过程中，如原料逐渐鼓起，说明原料的分子颗粒正在膨胀，这时，要将油锅端离火源，或用微火使之发透。

（3）油发后的原料带有油腻，应在使用前，用热碱水洗去油腻，再用清水漂净碱液，然后浸在清水中以备烹调之用。

四、盐发和火发的涨发方法及实例

（一）盐发

盐发是把干货原料放在已炒热的盐中加热，利用盐的传热作用，使原料膨胀松脆的一种发料方法。盐发的涨发原理与油发基本相同，因此一般适于用油发的干货原料也适于用盐发。但由于盐传热慢，操作时间长，而且盐发对原料的形态和色泽都有影响，不如油发，因此盐发较少使用。

实例16　盐发蹄筋

操作过程：盐加热——蹄筋涨发——热碱水洗——冷水浸

将粗盐下锅用慢火炒热焙干水分，再放入蹄筋受热体积先慢慢缩小后又逐渐膨胀，并发出"叭叭"声响时，改用慢火边炒边焖，直至蹄筋涨发到用手一捏就断的松脆程度时捞出。然后放入热碱水中浸泡，再用温水洗净油腻和碱分后，浸泡在清水中备用。

（二）火发

火发是将某些表皮特别坚硬，或有毛、鳞的干货原料用火烧烤，以利于涨发的一种处理方法。火发并不是用火直接涨发原料，凡经过火发的干货原料，都还需用水发才能使原料涨发。如海参中的优质品种乌参、岩参等，外皮坚硬，单采用水发，涨发效果不佳，而且外皮坚硬不能食用，刮去后，再用热水涨发的方法。在火发时，要注意掌握火候，防止烧过头，将肉质烧坏造成损失。

实例17　火发大乌参

操作过程：火发去硬皮——冷水浸发——煮发——去肠洗涤——根据原料质地

再重复水发

将大乌参放在火上烧烤至外皮焦枯发脆时，用小刀刮去外皮至露出深褐色的肉质为止。将去皮后的大乌参放在清水中浸泡24小时，再放入冷水锅中煮沸，改用小火焖2小时后取出，剖开腹腔，去掉肠子、韧带并洗净，再用冷水浸发24小时，然后放入冷水锅内煮沸，焖至水温冷却。这样重复几次，直至大乌参起软，有弹性为止。再浸泡在清水中备用。

在乌参涨发过程中，煮泡次数应按原料质地的老嫩和形态的大小酌情增减，并应随时将已发透的乌参取出，以防涨发过度而碎裂。大乌参的涨发率为500%～600%。

 思考与练习

1. 什么是干货原料的涨发？涨发的目的是什么？

2. 干货原料涨发的一般要求是什么？

3. 干货原料涨发的主要方法有哪些？最基本最常用的方法？

4. 分别举例说明每种发料方法的操作过程。

5. 试述海参、猪蹄筋、干贝、干鱿鱼、玉兰笋、鱼翅的涨发过程、涨发率及操作要领。

第五章　配　　菜

 学习目标

1. 配菜的意义及重要性
2. 掌握菜肴的质量标准和净料成本
3. 掌握配菜的原则和方法
4. 掌握宴席配菜的方法

配菜是正式烹调菜肴前，原料加工处理中最后一个重要环节。配菜又称配料（配膳），就是根据菜肴的质量要求，把加工成形的数种原料加以科学的配合使其可烹制出一道完整的菜肴。配菜是菜肴设计过程，通过配菜可使菜肴达到定质、定量、定型、定味、定色、定营养、定成本、定品种。要想做好配菜工作，就要具有全面的烹调原料知识、营养知识、加工技术知识、成本核算知识及实用美术知识等。

配菜是中国烹饪的一项传统技术。随着社会经济的发展，人民生活水平的提高，应使配菜更科学化、系统化、规范化。发展配菜工艺是整个烹饪原料加工技术中的重要环节，配菜配制的科学合理、合乎营养要求，符合菜肴美学要求及成菜要求，直接关系到菜肴的色、香、味、形的优劣。

第一节　配菜的意义及重要性

配菜是紧接刀工之后的一道工序，与刀工有密切的联系，因此，整个热菜的操作程序是：初步加工、刀工、配菜、烹调、装盘，配菜只是其中的一个环节。制作冷菜的操作在饮食行业中常把刀工和配菜连在一起，总称"切配"。但配菜并不属于刀工的工序范围，而是原料组合及整套宴席菜肴的组合。一个菜肴的配菜包括热

菜的配菜和冷菜的配菜；整套宴席菜肴的配菜是在一个菜肴配菜的基础上发展起来的，是配菜的最高形式，包括的范围相当广泛。

一、配菜的作用

配菜是菜肴烹调前的一道重要工序。配菜虽然不能使原料发生物理和化学变化，但通过各种原料恰当而巧妙的配合，对菜肴的色、香、味、形及成本都有直接的影响。

（一）能确定菜肴的质和量

所谓菜肴的质，是指一盘菜肴的构成内容，即各种主料、辅料的比例。菜肴的量，则是指一个菜肴中所包含的各种主料和辅料的数量。质与量通过配菜才能确定。两者都是通过配菜确定下来的。虽然菜肴质量的高低与原料、刀工、烹调技术的好坏有着极大的关系，但是如果在配菜时，构成菜肴的内容和数量不合理，即使有很好的原料、很精细的刀工、很高的烹调技术，也无法改变菜肴的质和量，也就无法烹制出质量很高的菜肴。所以配菜是确定菜肴质和量的重要因素。

（二）能基本确定菜肴的色、香、味、形

一道完美的菜肴，虽然要有精湛的刀工处理和合理的烹调技术，但是在一定程度上，菜肴的色、香、味、形是依靠配菜来确定的。如果配菜没有合理的搭配，即使有精湛的刀工、合理的烹调技术，也不会使菜肴达到完美的境地。一种原料的形态，可依靠刀工来确定；但整个菜肴的形态，则要依靠配菜来确定。配菜时必须根据审美的要求，将各种相同形状或不同形状的原料适当地配合成一个完美的整体。配菜对确定菜肴的色泽起着重要的作用。如在玉白的虾仁中配以碧绿的青豆，洁白的鱼片配上黑色的木耳，黄亮的鸡蛋配以鲜红的番茄等。菜肴的香味要经过加热和调味才能显示出来，各种原料都有其特定的香味，如果把几种不同的原料配合起来，使它们之间的香气和滋味互相渗透、互相补充，就能使整个菜肴的香、味恰到好处。如把质感好但由于反复涨发、淡而无味的海参，配以咸香鲜美的火腿、冬笋，通过烹调使香、味互相渗透、互相补充的"三鲜海参"。反之，如果配合不好，各种原料的香、味不仅不能互相补充，反而互相排斥、互相掩盖，整个菜肴的口味就会遭到破坏。

（三）能确定菜肴的成本

配菜完成后，菜肴的主要成本已经确定，配菜时原料选择得精或粗，用料量的多或少，都直接决定了菜肴的成本。要按照投料标准，进行合理的配菜，确定符合规定的售价。所以，配菜是掌握菜肴成本、加强经济核算的重要环节。

（四）能确定菜肴的营养价值

随着生活水平的提高，人们更加重视菜肴的营养。科学合理搭配营养素是靠配菜完成的，配菜的得与失直接影响菜肴的营养成分。菜肴营养价值的高低，也是衡量菜肴质量高低的重要标准之一。不同属性的原料，所含的营养成分是不同的；同一属性的原料，各种营养素的含量也不尽相同。例如，肉类中一般含有较多的蛋白质与脂肪，但缺少维生素；而蔬菜中一般含有大量的维生素，但缺少蛋白质与脂肪。如果把它们搭配在一个菜肴中，各种营养成分就能互相补充，从而提高菜肴的营养价值。尤其在配整套菜时，更需要考虑使各种营养成分配合合理。总之，菜肴的营养价值在很大程度上是由配菜来确定的。

（五）使菜肴多样化，创造新的品种

配菜的刀工的变化，烹调方法的创新是形成菜肴形态多样化和创新品种的基础。通过合理配菜，将各种原料进行组合就可以形成新的菜肴，烹调方法的不同运用，是形成菜肴多样化的重要途径。但是，在繁多的原料中，不同种类的原料互相配合，几种相同的原料以不同的数量或取不同的部位互相配合，同一种原料与几种不同的原料互相配合等，可形成花式繁多的菜肴。如肉丝配以青椒，即是绿白相间的"青椒肉丝"；配以豆芽，即为"银芽肉丝"；此外还可配雪里蕻、冬笋、茭白等。可见，通过配菜能构成不同的菜肴，同时还可创造出许多新的菜肴品种。

（六）有利于原料的合理使用

原料有高、中、低档之分，配菜按菜肴的质量要求，把各种原料合理地配合起来，组成各种档次的菜肴以物尽其用。

二、配菜的基本要求

配菜在整个菜肴制作过程中占有极其重要的地位，它除了影响菜肴的色、香、味、形外，还决定着企业的赢利与亏损。要做好这项工作，配菜人员既要具备很好的文化素质，还要具备很好的技术素质。配菜是烹饪操作中的重要程序之一，涉及面也很广，要做好这项工作，既要通晓原料、刀工、烹调等多方面的知识，又要掌握有关的技术，具体要求如下。

（一）掌握原料的性能

应当熟悉烹调原料的产地、产期、上市季节，掌握原料的品种、规格、组织结构、部位特征、营养价值、品质鉴定、保管、储存、分档取料等方面的知识。品种繁多的烹饪原料，各自具有不同的特性，如有的是韧性，有的是硬性，有的是软性等。由于性能的不同，在烹调过程中所发生的变化也各有不同。在配菜时必须使原料之间配合得当，完全适用于所用的烹调方法。即使同一种原料，其性质也因季节的变化、产地的不同，部位的区别而有很大的差异。以猪肉为例，有的部位质地嫩而结缔组织少，有的部位质地嫩而结缔组织多，有的部位肥，有的部位瘦等，不能混用，否则就会影响菜肴的质量。如"回锅肉"应配上质老肉厚的坐臀肉为好。烹制"咕咾肉"就应该配以肥瘦相间、质嫩筋少的上脑肉为好；"炒肉丝"就应配以质嫩筋少的里脊肉为好。再如同样是粉丝，京津等地产的粉丝用绿豆制成，细而白亮，有韧性，为粉丝中的上品；安徽等地产的粉丝用甘薯制成，较粗、色黑、滑爽；东北粉条用土豆制成，粗而有韧性；还有的粉丝用杂粮制成，无韧性，加热易糊化。由于原料产地、性能不同，配菜时不能混用。可见，只有掌握原料的性能及分档取料等方面的有关知识，才能把菜配好。

（二）熟悉原料上市季节和市场供求信息

市场上的原料供应不是一成不变的，而是随着生产季节、采购及运输情况的变化而变化的。配菜时必须了解、充分利用市场上供应充足的品种，适当压缩市场供应紧张的品种，并用新产品、代用品创造出新的菜肴品种。蔬菜和水产品具有较强的时令性，如饮食行业流传的"五月仔虾"、"六月蟹"（毛蟹）、"小暑黄鳝赛人参"、"桂花甲鱼"、"九雌十雄大闸蟹"等说法，就充分体现了水产品的时令性。必须熟悉烹饪原料上市季节，掌握深受食用者欢迎的时令佳肴。

（三）熟悉菜肴的名称及制作方法、特点

我国菜肴品种丰富，各地区都具有各自特殊风味的菜肴，形成了不同的菜系；各饮食企业又具有各自的特色菜肴。这些不同菜系及特色菜肴不仅有各自的名称、刀工形态和烹调方法。因此，配菜时必须对菜肴名称及制作特点了如指掌，既精通刀工，又了解烹调，看见菜肴名称即可熟练地配菜，使配出的菜肴完全符合其菜系及特色菜肴的风味。

（四）掌握菜肴的质量标准和净料成本

1. 熟悉并掌握每种原料从毛料到净料的损耗率或净料率。

2. 根据企业规定的毛利幅度，确定每个菜肴的毛利率和售价。

3. 根据菜肴的毛利率和售价，确定构成每个菜肴的主料、辅料、调料的质、量和成本，制定每个菜肴规格质量的成本单，其内容包括：

（1）菜肴的名称；

（2）主料、辅料、调料的名称、重量及其成本；

（3）产品的总重量、总成本；

（4）毛利率；

（5）售价。

4. 根据菜肴规格质量成本单配。

每个菜肴所需原料的数量，饮食业一般以盛器的大小来衡量。例如直径约 33 厘米的盘子，按 400 克左右的定量配菜；直径 23 厘米的盘子，按 200 克的定量配菜。但这也不是绝对的，还应根据原料性能及加热后的变化，适当调整原料的数量，如水发鱿鱼的含水量高，遇热及盐分易收缩出水，因此应适当增加原料的数量；水发黑木耳分量轻，配菜时就应适当减少原料的定量。总之，配菜要根据原料的性能、菜肴要求及成本确定菜肴的质和量，既不能随意增加原料的数量，提高菜肴的成本，使企业受损；又不能擅自减少原料的数量，降低原料的质量及整个菜肴的成本，损害消费者利益。

5. 掌握有关营养卫生知识。

烹饪的目的，是为了使人们能更多更有效地从食物中摄取营养，促进身体健康。因此配菜时必须了解各种原料的营养成分，按人体对营养的要求，将各种原料合理搭配，以满足人体生理及健康的需要。此外还必须将生熟料分别放置，主辅料分别放置，不能混在一起。因为成熟时间不同，如混在一起，下锅时无法分开，会造成生熟不均的现象，既严重影响菜肴的质量，又不利于人体的消化吸收。在配菜过程中，还必须严格遵守食品法规，符合卫生要求。

6. 掌握美学知识，增强菜肴的美感。

菜肴的质量常从色、香、味、形、器等几个方面综合评定，其中的色、形和器的选择与配合，也是保证菜肴质量的重要方面。必须掌握有关的美学知识，懂得构图和色彩等美术原理，以便在配菜时使色、形、器配合协调，以增强菜肴的美感。

7. 推陈出新、大胆创新。

厨师在传统的操作技法上要提高，唯一的途径是大胆创新。不但烹调方法上要有创新，在配菜过程中也要有创新，在配菜中的创新又是整个菜肴创新的前提。配菜时也应有灵活的变化，要根据技术的发展、烹调方法的改进、市场货源的更新等，设计出新的品种。

8. 注意清洁卫生。

配菜过程中，要注意用具、器皿的清洁卫生，避免烹调原料被污染，降低食用价值。配菜过程中如发现腐败变质的烹调原料应及时清除，初加工不洁的烹调原料应进一步加工，以确保菜肴的品质特点。

第二节 配菜的原则和方法

一、配菜的一般原则

配菜的好坏，关键在于各种原料的搭配是否得当，主料和辅料的搭配是否得当。主料，顾名思义，即是在菜肴中作为主要成分、占主导地位的原料；辅料，是在菜肴中起辅佐、衬托作用的原料。因此，在配菜时必须突出主料，辅料应适应主料，衬托并点缀主料，切忌喧宾夺主，这是配菜最基本的原则。下面，具体介绍配菜在量、色、形、质、香、味等方面的一般原则。

（一）量的配合比例要恰当

一份菜肴的数量，是按一定比例配制的各种原料（净料）的总量，也就是一份菜肴的单位定额。每一份菜肴都有一定数量的定额，它通常根据就餐人数和价格用不同规格盛器的容量衡量确定。配菜时，每一份菜肴所用原料的搭配比例必须恰当。菜肴原料的用量比例，大致可分为三种类型。

（1）主辅料搭配要突出主料，主料应占单位定额的70%以上。

（2）主料由几种原料构成，这几种原料的用量基本相等。

（3）单一原料，按单位定额配菜。

（二）色泽搭配要鲜艳悦目

烹饪原料在颜色上的搭配，应做到艳而不俗，素雅而不单调，和谐悦目，给人以美的享受。色的配合方法一般有顺色搭配和异色（花色）搭配两种。

（1）顺色。即所配几种原料取同一种颜色或尽可能接近的颜色，白色配白色，绿色配绿色。如"糟熘三白"的鸡片、鱼片、笋片，三种原料基本上都是白色，经烹调后仍保持原来的颜色，看起来非常爽洁、素雅。

（2）异色。即把几种不同颜色的原料搭配组合成色彩鲜艳的菜肴。这种配法应用广泛，配色时一般要求主辅料的颜色差别要大，比例要适当，辅料对主料起衬托点缀的作用，使整个菜肴颜色主次分明，浓淡适宜，美观鲜艳，色调和谐，具有一定的艺术性。如"锦绣虾丝"主料虾丝是玉色的，配以绿的青椒丝、红的火腿丝、黑的香菇丝、白的笋丝等辅料点缀、衬托，就显得鲜艳而和谐；再如"翡翠鱼丝"，雪白的鱼丝配以绿色的青椒，其结果是白绿相间，把鱼丝烘托得更加突出悦目。随着烹饪技术的不断发展及人们审美要求的不断提高，目前在中高档菜肴中，即使在色泽配合上采用顺色方法的菜肴，一般也通过花色的围边或盛器来点缀，否则整个菜肴就显得比较单调。

（三）香、味搭配要以长补短

菜肴的香和味，虽需经过加热和调味之后，才能最后确定下来，但大多数原料本身就具有特定的香和味，并不单纯依靠调味。因此，配菜时既要了解原料在未加热调味前的香和味，又要知道烹调后香和味的变化，按原料特定的香和味进行合理的搭配，以长补短，使制成的菜肴，香气扑鼻，鲜美可口。香和味的配合方法大致有三种。

（1）以主料的香味为主，辅料衬托并突出主料的香味。一般以鲜、活原料为主料的菜肴可采用这种配合方法。如新鲜或刚宰杀的鸡、鱼、猪肉、蟹、虾等原料，味鲜香而纯正，配菜时应注意保持其固有的香味，可不配辅料或适当配一些没有特殊香味的原料，如茭白、笋、白菜、花菜等，以适当衬托主料，突出其鲜香。

（2）以辅料的香味添补主料的不足。有些主料本身香和味不足，可用香味较浓的辅料加以补充。如海参、蹄筋等于干货原料，经过反复涨发，本身已没有香味，就应用火腿、鸡肉、干贝、虾米、高汤等做辅料，以增加其鲜香。

（3）以辅料的清淡适当调和主料过于浓烈或过于油腻的香味。如有些脂肪含量丰富的五花肋条肉、蹄膀、肥鸭等动物性原料，分别配以适当的干菜、青菜、豆苗、芋艿等植物性原料一起烹制，味道就格外鲜香，而且肥而不腻。

（四）形状搭配要协调、美观

原料形状的配合，不仅关系到菜肴的外观，而且直接影响烹调以至整个菜肴的质量，这是配菜的一个重要环节。形的配合应做到辅料适应主料的形状，衬托主料的形状，使主料更加突出。如主料是丝，辅料一般也是丝；主料是块，辅料一般也是块；主料是丁，辅料一般也是丁。此即所谓"丝配丝"、"块配块"、"丁配丁"。但无论什么形状，辅料都应小于主料。主辅料在形的配合上还要做到顺其自然。有些不是刀工成型而是自然形态的原料，如虾仁，就可配以与之相适应的青豆、笋丁、胡萝卜丁等。再如有些经过花刀处理的主料，加热后可形成各种美观形状，但辅料不能加工成类似的形状，就应灵活处理，将辅料加工成与主料相适应的形状。总之，原料形状搭配应协调、美观，辅料应小于主料。

（五）质地配合要和谐适口

烹饪原料在质地上的配合，除应考虑原料的性质，更重要的是要适应烹调和食

用的需要。为了突出相近的原料相配合，即所谓"嫩配嫩"、"软配软"、"脆配脆"的原则。如猪肚蒂部和鸡肫都是韧中带脆的原料，经刀工及加热后都很脆嫩，可将它们配合制成"爆双脆"。再如以豆腐为主料、蘑菇为辅料，主、辅料都是比较软嫩的原料，可用它们烹制成鲜嫩软滑的"蘑菇豆腐"。

有些菜肴的主、辅料的质地并不相同，但通过烹调手段的调节，可使两者和谐适口。如"青椒炒肉丝"，肉丝是韧性原料，青椒则是脆性原料，如将肉丝经过上浆划油等技术处理，使之鲜嫩滑爽，再与脆嫩的青椒配在一起，就显得非常协调、适口。在烧、焖、炖、扒等长时间加热的烹调方法制作的菜肴中，主辅料的软硬配合、韧脆配合、老嫩配合，完全可以通过投料的先后、火候的适当调节，使主、辅料的口感一致。总之，烹饪原料在质地上的配合，应做到和谐适口，以适应食用者的要求。

（六）营养成分的配合要科学合理

烹饪原料在营养成分的配合上必须科学合理，这也是配菜必须遵循的原则之一。不同的原料所含的营养成分各不相同，配菜时必须根据原料的营养成分、性能、特点进行合理、科学的搭配，可能地使食用者得到必要的、全面的营养，以增进人体健康。

二、一般菜肴的配制方法

配菜按配菜方法的繁简可分为配类。一般菜肴的配菜方法较简单，其成品也较朴实。花式菜肴的配菜方法复杂，偏重技巧，对色和形特别讲究，其成品具有一定的艺术性。

配一般菜肴主要采用盛器配料法。即在配菜时取出适应某一菜肴单位定额的盛器，然后将组成此菜所需的原料（净料，并已加工成型），按恰当的比例分别放置于盛器中。一般菜肴按配菜时各种原料在一份菜肴中所占的比例分为单一原料菜肴、主辅原料菜肴和不分主辅原料菜肴三种。

（1）单一原料菜肴的配法。所谓单一原料菜肴，即是由一种原料构成的菜肴，配菜时只要将这份原料按菜肴的单位定额配置于相应的盛器中即可，方法简单。但为了保证菜肴的质量，必须严格选料，必须选用具有特色的，新鲜质好的原料，注意突出原料的优点，避免原料的缺点。因为用单一原料制成的菜肴，一般都直接体现了这一原料的特点。如鲜活的河鲜、海鲜、肉类，肥美的鸡、鸭，碧绿脆嫩的蔬菜等，都适宜以单一原料做菜。而有些高档原料，如鱼翅、海参等，由于反复涨发缺少鲜味，在作为单一原料配菜时，应配以高汤、鸡肉、猪肉、火腿等，使鱼翅、海参吸取其鲜味，成为鲜美可口的菜肴，装盘上席时再除去鸡肉、火腿等，这样就突出了原料的优点，避免了原料的缺点。

（2）主辅原料菜肴的配法。由主辅料组成的菜肴，一般主料多用动物性原料，辅料多用植物性原料，辅料可以是一种，也可以是多种。如"青椒肉丝"，辅料仅青椒一种，"锦绣虾丝"的辅料是多种。配料时应紧紧抓住主辅料的特点搭配，在质和量方面应以主料为主，辅料对主料的色、香、味、形起衬托和补充的作用。如"芋头扣肉煲"的主料夹心五花肉，含有较多的脂肪，配以广东芋头，就能使主料肥而不腻；用主料蛋清、鲜奶油制成的芙蓉片放在用番茄制成的荷花上，色泽格外鲜艳夺目。辅料不仅在色泽、形态、口味、营养等方面补主料的不足，而且还可以降低整个菜肴的成本。但不能为降低菜肴的成本，随意增加辅料的比例，一般辅料不能超过整个菜肴单位定额的30%。

（3）不分主辅原料菜肴的配法。这是指配制由两种或两种以上数量基本相同、比例基本相等的原料所构成的菜肴。一个菜肴中的各种原料不分主、辅，但形态也应互相适应。如组成菜肴的原料体积或口味相差较大时，则应在数量方面作适当的调整，使它们在色、香、味、形各方面配合得当。这类菜肴，在命名时一般都带有数字，如"爆双脆"、"炒双冬"、"三鲜汤"、"熘三样"、"蔬菜四宝"、"八宝辣酱"等。

三、花式菜肴的配制方法

花式菜肴是指选料讲究、刀工精细、色泽鲜艳悦目、口味鲜美、营养丰富、造型美观，具有一定艺术性的菜肴。配花式菜肴的要求非常高：选料要精，要有利于造型；形态或构图要美观大方；配制手法要熟练精湛；应适当配以食品雕刻，以突出菜肴的形态美；做到色、香、味、形、质、器和谐统一。配制形成花式菜肴的方法很多，主要有以下几种类型。

（1）运用各种手法配制花式菜肴。可运用叠、镶、嵌等多种手法配制花式菜肴。

①叠。叠是将几种不同品种、颜色、口味的原料，加工成相似的片状，间隔地叠在一起，中间涂一层加工成糊状的黏性原料（如肉茸、虾茸、鸡茸、鱼茸），使其黏合成为一定形态的一种手法。如"锅贴鱼"、"羊城鱼夹"、"锅贴明虾"等花式菜肴，都是运用叠的手法配制而成的。

②镶。镶是在一种原料表面镶上其他原料，使其构成一定形状和图案的手法。如"象眼鸽蛋"、"琵琶明虾"、"八宝镶蟹合"等花式菜肴，就是主要运用镶的手

法配制而成的。

③嵌。嵌是在一种原料中间嵌入其他原料的手法。如"荔枝鸡球"、"双葡争艳"、"八宝鸭"等菜肴，均采用了嵌的手法。

④包。包是把整个或加工成丁、丝、条、片、茸、块等形状的原料，用玻璃纸、豆腐皮、荷叶、粉皮、蛋皮、百叶等薄型原料包成各种形状的一种手法。如"干炸响铃"、"纸包鸡"、"荷叶粉蒸肉"、"蟹黄石榴包"等菜肴，都是采用了包的手法配制而成的。

⑤扣。扣是把经过加工的半成品原料，整齐地排在盛器内，拼摆成一定图案，经加热调味等手段处理后，再覆扣在另一个盛器内的一种手法。如"水晶鸡"、"扣三绿"、"葵花鸭子"等，都是采用了扣的手法配制而成的。

⑥卷。卷是在各种薄型原料内卷入加工成丝、粒、茸等小型原料，使其成为卷筒状的一种手法。如"三丝鱼卷"、"如意虾卷"等菜肴，都采用了卷的手法。

⑦扎。扎又称捆，是用色彩鲜艳、具有一定韧性的丝状原料，把主要原料捆扎成一定形状。如"柴把鸡"、"银红彩束"、"川苏双珠"等菜肴，均采用扎的手法。

⑧穿。穿是将一种原料穿入另一种原料内，如"银针穿凤翼"是把熟鸡肢膀齐骨剁去两头，抽出翅骨，在出骨的空隙，用火腿、鱼翅针和青椒丝穿进去，使三种颜色相间。

（2）通过围边、花式盛器衬托菜肴。在制作时，适当地配以食品雕刻、围边点缀菜肴，突出菜肴的形态美，是制作花式菜肴的重要手段之一。不仅增加了菜肴色和形的感染力，增进人们的食欲，而且给人以高雅优美的艺术享受。俗话说："美食不如美器"，花式菜肴还可以通过花式盛器来衬托。

（3）通过艺术造型制作花式菜肴。将原料合理排列，拼摆成各种图案，构成各种造型，也是配制花式菜肴的重要方法。

第三节　宴席的配菜

宴席是多人聚餐的一种形式，具有庆祝、纪念、交际的作用。宴席配菜是根据设宴要求，选择多种类型的单个菜点进行搭配、组合，使其构成具有一定规格质量的一整套菜点的设计、编排过程。宴席是中国烹饪中的一个重要组成部分，也是烹调艺术的最高形式体现，是厨师必须掌握的知识。作为配菜人员必须有全面的烹饪知识、技术素质，同时还要具备菜单设计、服务知识和成本核算技能，才能完成这项复杂细致的工作。宴席最初是在祭祀的基础上发展演变而来的。这些仪式中往往有聚餐活动，当时聚餐活动的形式、内容比较简单，菜点搭配不太讲究。随着人类社会的不断进步，经济生活的不断提高，烹饪技术的进一步发展，宴席逐步发展为形式多样、内容丰富、规格高低有别的适于不同范围和要求的多种类型。为了保证宴席形式、规格、习俗、内容、质量的实施，必须做好宴席配菜。

一、宴席配菜的类型

古今宴席种类繁多，有用一种或一类原料配制成各种菜的全席，如全羊席、全鱼席、全鸭席等。有用以某种珍贵原料配制的头道菜命名的燕窝席、熊掌席、鱼翅席等。也有用以展示某一时代民族风味水平的宴席，如满席、汉席、满汉全席等。根据原料名贵与否区分宴席规格的高与低。高级宴席通常选用山珍海味配以时令鲜蔬，普通宴席一般选用常见家畜、家禽和蔬菜为原料合理搭配。随着宴席的种类、规格的不同，菜点的数量、质量都在不断发生变化，其发展趋势是全席逐渐减少，菜点向少精方向发展，而配菜则更加符合卫生要求，更加突出民族特点及地方风味特色。

宴席虽然多种多样，但归纳起来大致可分为三种。

（一）酒会席

酒会席是由西餐酒会的形式演变而来的，具有形式自由、气氛活泼、食饮随便的特点，菜肴以冷菜为主，热菜、点心、水果为辅。配菜时，必须按照宴席的特点，重点配备口味多变、便于客人随意取食的菜肴品种，并根据客人的不同层次，配备一定数量的地方小吃等。

（二）宴会席

宴会席是我国正宗的宴席形式。其特点是气氛隆重、形式典雅、内容丰富，并有固定的席位。宴席中以热菜为主，冷菜、点心、水果、饭菜配套成龙，并有严格的上菜程序。配菜时必须根据不同档次宴席的特点，突出重点，兼顾其他，菜点搭配合理。

（三）便餐席

便餐席主要用于一般的聚餐，其特点是不拘形式，内容灵活。配菜时主要根据宾客的爱好，选择几道时令的或地方特色的菜点，而不拘泥于正规宴席的形式。饮食业经营的套菜就属于这一类型。

二、宴席配菜的基本要求

（一）熟悉宴席的类型、规格和上菜要求

宴席的规格通常是根据宴席的类型和价格的高低来确定的。规格高的宴席，上菜的数量相对充裕，选料精细，烹饪工艺要求比较高，台面摆设、服务要求和店堂设施都比较讲究。配菜时应根据规格的高低恰当地选料加工。不同规格的宴席有不同的上菜要求，不同用途、不同地区的宴席上菜要求也不同。配菜时要根据价格的高低，具体选择原料的品种，确定上菜的数量和分量，并按上菜的要求排列上菜顺序。

（二）掌握整套宴席菜点的数量和质量

宴席菜点的数量与质量直接影响宴席的规格和水平，必须很好掌握。

（1）数量。每桌宴席应以平均每人能吃到500克左右的净料为原则。菜肴的个数，应根据宴席的规格和客户的要求而定。一般在12~20个。如菜肴个数少的宴席，每个菜的数量应多些；菜肴个数多的宴席，每个菜的数量可减少些。

（2）质量。在保证菜肴有足够数量的前提下，根据宴席规格的高低，选择恰当的原料，并在主辅料搭配的比例上适当调节。烹饪原料，不仅不同类的品种质量有珍贵与一般之别，即使同类的原料，品质的差异也很大，如大黄鱼和小黄鱼，大闸蟹和海蟹。在配置宴席菜肴时，规格高的宴席应选用高档原料，规格低的则应用一般原料，否则就会影响成本核算或菜肴质量。此外，在主辅料搭配的比例上，规格高的宴席，辅料可少配一些；规格低的宴席，辅料应多配一些。总之，要掌握宴席菜点的数量和质量，规格高的宴席菜肴也不宜过多，要体现精致高雅的效果，规格低的宴席菜肴也要够吃，体现丰满大方的效果。

（三）要注意整套菜点色、香、味、形、质、器的配合

每个菜肴都有其色、香、味、形、质等方面的固有属性，由于用料、形状、烹调方法的不同，其属性也各不相同。在宴席配菜时要注意菜肴之间的相互配合与影响，使整桌菜点搭配和谐、口味多样、形态各异、营养丰富，色彩鲜艳悦目，软硬兼备，干湿协调，盛装器皿美观大方。

（四）能制订宴席菜单和成本核算

制订宴席菜单是宴席配菜的前提和依据。宴席菜单对宴席的规格、质量起着重要的作用，应当根据客户的要求、宴席的规格水平、民族特点、市场供应、厨师的技术力量和本单位的设备条件来设计，并根据宴席的规格要求与毛利幅度，对整套

宴席的成本进行认真细致的核算。宴席菜单的内容包括宴席的名称、售价、成本及每个菜点的名称、原料、重量、价格以及上菜顺序。

（五）美化宴席菜肴

为了使整个宴席丰富多彩，不仅要注意菜点之间色、香、味、形、质、器的配合，还要注重菜肴的图案美和色彩美，使宴席具有一定的艺术性。规格高的宴席可摆设各种食品雕刻，如花、鸟、兽、山水、亭阁等，冷菜可配制成艺术拼盘；热菜可制成"蛟龙金环"、"双葡色艳"、"龙凤荔枝球"等花式菜肴，以表现整桌菜肴的艺术性，提高宴席的档次。同时，为了使宴席具有一定的艺术性的配菜、大菜（包括汤）的配菜、点心的配菜，有的还配置水果和干果。

三、宴席配菜的方法

（一）冷菜的配法

冷菜又称冷盆、冷荤、冷盘、约占整套菜点成本的 15% ~ 25%，总重量为 1000 ~ 1500 克。用于宴席的冷菜有什锦拼盘、四双拼、四三拼，七星冷拼、九星冷拼等，高档宴席有 6 ~ 8 个小碟，冷菜在宴席中是第一道上席的菜肴，因此应特别注重色彩与造型。应力求造型美观，荤素搭配，口味多样。

（二）热炒菜的配法

热炒菜的成本约占整套菜点的 30% ~ 40%，每套宴席菜肴热炒菜一般为 4 ~ 8 个，每个热炒菜净料重量约 350 ~ 450 克。热炒菜选料广泛，鸡、鸭、肉、鱼、虾、蟹、蔬菜等原料均可选用；形状多样，可用丝、丁、条、片、块等形状，也可用麦穗、菊花、荔枝、松鼠等花刀形；一般采用炸、熘、爆、滑炒、煸炒、汆、烩、煎等烹调方法。热炒菜的要求较高：一组热炒菜中，一般不能有相同的原料、相同的刀工形状、相同的色泽口味及烹调方法出现。如热炒菜中有一道菜是"清炒虾仁"，其原料为虾仁，形状为粒，色泽为玉白，口味为咸鲜，烹调方法为滑炒，那么其他的热炒菜中就再也不能出现虾，刀工成型也不能用粒，口味也不能出现咸鲜味，烹调方法也不能用滑炒。

（三）大菜的配法

大菜又称大件菜，成本约占整套菜点成本的 35% ~ 45%。每套宴席菜肴的大菜一般为 2 ~ 5 个，每个大菜净料重量约为 600 ~ 1000 克，分量较重。一般由整个、整块、整条等形状较大的原料烹制而成，装在大盘（或大汤碗、品锅）中上席。大菜一般采用扒、烧、烤、蒸、炸、熘、炖、焖等烹调方法烹制。

（四）点心的配法

点心是宴席中不可缺少的内容，成本约占整套菜点成本的8%～10%，每套宴席菜中点心一般为2～4道。每道可选用一个品种，也可以把两个品种拼装在一个盘中作为一道点心上席。宴席中点心一般选用比较精细的花式点心，如花式蒸饺、酥点、甜羹、奶酪等，做到咸、甜配合，干、稀配合。

（五）水果和干果

有的宴席需配水果，有的还要配干果，应根据宴席的规格和地方习俗而定。

思考与练习

1. 什么叫配菜？配菜的作用有哪些？

2. 配菜的基本要求是什么？

3. 配菜的原则是什么？

4. 花式菜肴的配制方法有哪些？请举例说明。

5. 宴席配菜的基本要求是什么？

6. 宴席配菜的方法怎样？请分别叙述。

参考文献

［1］唐美雯．烹饪原料加工技术［M］．北京：中国高等教育出版社，2004．

［2］唐福志．烹饪原料加工工艺［M］．北京：中国轻工业出版社，2000．

［3］贾晋．烹饪原料加工技术［M］．北京：中国劳动社会保障出版社，2007．